能源植物资源利用
遥感监测与时空模拟

江 东 著

气象出版社
China Meteorological Press

内 容 简 介

发展基于能源植物的生物质能是解决我国能源安全问题的重要途径,为了保障粮食安全和生态安全,在发展基于能源植物的生物质能时应该坚持"不与民争粮,不与粮争地"的原则,选择能够在非耕地上规模化种植的非粮能源植物为研究对象。然而,近几年生物液体燃料相关研究中,主要是围绕生物液体燃料原料作物生物学特性及作物培育技术、生物液体燃料的提炼技术与理化性状分析、生物液体燃料的燃烧与排放试验、生物液体燃料发展的理论潜力分析等方向,在目前亟需的能源植物资源潜力分析评价方面论著较少,特别是针对生物液体燃料发展所适宜的土地潜力、生命周期净环境效应等方面的实证研究较少。

本书针对生物质能源领域的主要需求,提出了基于遥感和GIS技术的适宜发展生物液体燃料的边际土地资源识别与评估方法、能源植物的水热条件需求及修改要素数据处理方法;在此基础上,阐述了准确评估生物液体燃料净能量生产潜力及其温室气体减排潜力的利益与方法。本书的技术方法均基于遥感、地理信息系统最新成果,在多尺度的地理栅格单元上进行实施和验证,具有很强的前沿性、实用性和可操作性。本书将为生物液体燃料产业发展对经济、社会与环境的影响分析提供理论依据,促进我国生物能源产业持续、健康发展。

图书在版编目(CIP)数据

能源植物资源利用遥感监测与时空模拟/江东著.
—北京:气象出版社,2014.8
ISBN 978-7-5029-5988-3

Ⅰ.①能…　Ⅱ.①江…　Ⅲ.①遥感技术-应用-植物
资源-生物能源-能源利用　Ⅳ.①TK6-39

中国版本图书馆CIP数据核字(2014)第197729号

Nengyuan Zhiwu Ziyuan Liyong Yaogan Jiance Yu Shikong Moni
能源植物资源利用遥感监测与时空模拟

出版发行: 气象出版社			
地　　址: 北京市海淀区中关村南大街46号		**邮政编码:** 100081	
总编室: 010-68407112		**发行部:** 010-68409198	
网　　址: http://www.cmp.cma.gov.cn		**E-mail:** qxcbs@cma.gov.cn	
责任编辑: 蔺学东		**终　审:** 黄润恒	
封面设计: 博雅思企划		**责任技编:** 吴庭芳	
印　　刷: 北京京华虎彩印刷有限公司			
开　　本: 787 mm×1 092 mm　1/16		**印　张:** 7	
字　　数: 180千字			
版　　次: 2014年8月第1版		**印　次:** 2014年8月第1次印刷	
定　　价: 30.00元			

本书如存在文字不清、漏印以及缺页、倒页、脱页等,请与本社发行部联系调换

前　言

　　能源是整个世界发展和经济增长的最基本的驱动力,是人类赖以生存的基础。随着全球经济高速发展,能源需求增加,而化石能源的储量正在迅速耗竭。一系列无法避免的能源安全挑战,能源短缺、资源争夺以及过度使用能源造成的环境污染等问题威胁着人类的生存与发展。因此,在能源安全和减缓气候变化两大因素的驱动下,寻求新的替代能源将迫在眉睫。生物液体燃料是生物质能源的重要组成部分,主要包括燃料乙醇和生物柴油两种形式,是目前最主要的交通替代能源。发展生物液体燃料产生的能量具有巨大的优势,研究表明,以粮食为原料生产生物乙醇产生的能量比生产过程中所投入的能量多25%,而生物柴油则多93%。

　　然而,对于发展生物液体燃料对环境的影响问题存在较大争议,目前生物液体燃料产量大国的主要原料是基于耕地的粮食作物。基于耕地的农业生产有多年来人类耕种的经验为基础,因此在产能和环境效益方面有相对准确的结论。而非粮能源植物的开发利用时间相对较短,相关研究工作和资料相对缺乏,其焦点问题也是争议最大的是在能源植物规模化利用的情况下,如何科学估算其温室气体减排潜力。只有解决好这一问题,才能对发展生物液体燃料的前景做准确评判,进而合理规划能源植物种植和产业布局。

　　本书针对本领域的主要需求,提出了基于遥感和GIS技术的适宜发展生物液体燃料的边际土地资源识别与评估方法、能源植物的水热条件需求及修改要素数据处理方法;在此基础上,阐述了准确评估生物液体燃料净能量生产潜力及其温室气体减排潜力的利益与方法。本书将为生物液体燃料产业发展对经济、社会与环境的影响分析提供理论依据,促进我国生物能源产业持续、健康发展。

　　由于问题的复杂性和作者认知的有限,书中挂漏之处难免,欢迎广大读者批评指正。

作者

2014 年 6 月

目　　录

前　言

第1章　能源植物资源利用概述 ……………………………………………（ 1 ）

　1.1　能源植物资源利用概述 ………………………………………………（ 1 ）

　1.2　可再生生物液体燃料及其发展现状 …………………………………（ 2 ）

　　1.2.1　燃料乙醇发展动态 ………………………………………………（ 4 ）

　　1.2.2　燃料乙醇生产原料及工艺 ………………………………………（ 6 ）

　　1.2.3　生物柴油发展动态 ………………………………………………（ 6 ）

　　1.2.4　生物柴油生产原料及工艺 ………………………………………（ 8 ）

　1.3　问题与趋势 ……………………………………………………………（10）

第2章　能源植物资源利用潜力分析的理论与方法 …………………………（11）

　2.1　能源植物资源利用潜力研究动态 ……………………………………（11）

　2.2　能源植物资源利用潜力分析方法 ……………………………………（12）

　　2.2.1　生命周期分析的理论与方法 ……………………………………（12）

　　2.2.2　IPCC 的层次分析方法 …………………………………………（14）

　　2.2.3　基于生态系统过程模型的方法 …………………………………（16）

　　2.2.4　基于生物地球化学过程模型的方法 ……………………………（17）

　　2.2.5　陆地生态系统过程模型 GEPIC 方法 …………………………（19）

　2.3　关键问题与解决途径 …………………………………………………（20）

第3章　水土资源要素遥感高精度识别与分析 ………………………………（22）

　3.1　边际土地资源遥感识别 ………………………………………………（22）

　　3.1.1　区域尺度边际土地资源遥感高精度识别技术 …………………（23）

　　3.1.2　我国宜能边际土地资源及时空变化分析 ………………………（36）

　　3.1.3　亚洲宜能边际土地资源分析 ……………………………………（41）

　3.2　水资源要素信息提取 …………………………………………………（47）

　　3.2.1　面向对象的水体要素精细提取 …………………………………（47）

　　3.2.2　能源植物水分胁迫状况遥感监测 ………………………………（50）

第4章　光温资源数据处理与分析 ……………………………………………（54）

　4.1　太阳辐射数据时间序列优化处理 ……………………………………（54）

　　4.1.1　太阳辐射时空特征分析 …………………………………………（55）

　　4.1.2　辐射数据重构的理论与方法 ……………………………………（58）

4.1.3 站点尺度太阳辐射时序重构 ……………………………………（59）
4.1.4 区域尺度太阳辐射时序重构 ……………………………………（63）
4.1.5 结果验证 ……………………………………………………………（68）
4.2 温度数据时间序列优化处理 ……………………………………………（70）
4.2.1 地表温度时空特征分析 ……………………………………………（71）
4.2.2 站点尺度地表温度时序重构 ………………………………………（73）
4.2.3 区域尺度地表温度时序重构 ………………………………………（73）
4.2.4 结果验证 ……………………………………………………………（75）

第5章 能源植物资源利用潜力时空模拟 …………………………………（77）
5.1 基于 LCA 的能源植物资源利用潜力估算 ……………………………（77）
5.2 基于生态过程模型的能源植物资源利用潜力动态模拟 ……………（80）
5.2.1 模型输入参数与数据准备 …………………………………………（80）
5.2.2 模型参数本地化 ……………………………………………………（82）
5.2.3 模型应用实例 ………………………………………………………（83）
5.3 能源植物资源利用经济效益分析 ………………………………………（84）
5.3.1 生物液体燃料生命周期成本分析 …………………………………（84）
5.3.2 传统化石能源价格分析 ……………………………………………（87）
5.3.3 生物液体燃料经济潜力分析 ………………………………………（88）

第6章 结论与展望 …………………………………………………………（89）

参考文献 ………………………………………………………………………（91）

第 1 章　能源植物资源利用概述

1.1　能源植物资源利用概述

化石能源短缺和生态环境问题是当前全球共同面临的难题。根据最新的能源展望报告,到 2040 年世界将有 75% 的人口居住在亚洲和非洲,2030 年以后,印度将成为世界上人口最多的国家[1]。各自不同的指标显示,亚洲能源市场将会有显著的发展,大规模发展生物能源将在全球社会发展中起到越来越重要的作用[2]。目前,全球拥有 7 亿辆汽车,预计到 2030 年超过 13 亿辆,2050 年超过 20 亿辆。其中,主要的市场增长来自于发展中国家,因此,未来发展中国家的液体燃料供给的压力将日趋增大[2]。为解决这一问题,把能源植物资源转化为生物燃料是开发替代能源的重要途径。对于能源植物开发利用的价值很早就已经被人提出,但是对其深入研究和利用则开始于 1973 年石油危机以后。能源植物是指直接用于提供能源为目的的植物。广义上讲,能源植物包含所有的陆地和海洋的植物。不过从目前的技术和开发成本考虑,通常所说的能源植物还是指狭义的能量富集型的植物,又称生物质燃料油植物,通常是富含油脂、可产生接近石油成分或可替代石油使用产品的植物[1]。能源植物按照其化学成分可以分为 4 类[2]:

(1)富含碳水化合物的能源植物,糖、淀粉或纤维素含量高,可用于制取燃料乙醇。其中富含糖的能源植物有菊芋、甜高粱及甘蔗等;富含淀粉的能源植物有木薯、甘薯及玉米等;富含纤维素的能源植物有芒草、柳枝稷及桉树等。

(2)富含类似石油成分的能源植物,这类植物的分子结构类似于石油,其主要成分是烃类,是植物能源的最佳来源,生产成本低,利用率高,通过脱脂处理可作为柴油使用。这类植物主要包括续随子、绿玉树、麻风树、巴西橡胶、油楠等。

(3)富含油脂的能源植物,这类能源植物大部分是人类食物的重要组成成分,如油菜、花生及向日葵等。同时,又是工业用途非常广泛的原料,如桂北木姜子、黄脉钓樟等。世界上富含油脂的植物达万种以上,我国有近千种,有的含油率很高,桂北木姜子种子含油率达 64.4%,黄脉钓樟种子含油率高达 67.2%。水花生、水浮莲、水葫芦等一些高等淡水植物也有很大的产油潜力。

(4)用于薪炭的能源植物,这类能源植物可燃性强,主要用于提供薪柴和木炭。目前世界上较好的薪炭树种有加拿大杨、意大利杨、美国梧桐等。我国近年来发展的适于薪炭用途的树种有旱柳、紫穗槐、泡桐等。

　　生物能源是能大规模替代石油燃料的能源产品,仅次于煤炭、石油和天然气而居于世界能源消费总量的第四位,在整个能源系统中占有重要地位。生物能源作为来源广泛、用途多样并且环保的可再生能源将在全球经济社会发展中起着越来越重要的作用[3]。在交通行业中,生物能源通常用于生物液体燃料,生物液体燃料具有可再生、清洁和安全等优点,是解决能源危机和保护生态环境的有效途径[4,5],已引起世界各国尤其是资源贫乏国家的高度重视。近 10年来,全球生物液体燃料产业已呈现出快速发展的态势。目前,产业化的生物液体燃料主要包括燃料乙醇和生物柴油。

　　发展生物液体燃料产生的能量具有巨大的优势,研究表明,以粮食为原料生产生物乙醇产生的能量比生产过程中所投入的能量多 25%,而生物柴油则多 93%[6]。利用柳枝稷生产的生物乙醇比投入的不可再生能源多出 540%[7],体现了第二代生物液体燃料的巨大优势。

　　而对于发展生物液体燃料对环境的影响问题也存在较大争议。根据学者们的研究,相比传统化石燃料,利用不同的生物质能源和工艺生产生物乙醇和生物柴油可以减少 12%～125%的温室气体排放[6,7]。其中,利用玉米为原料生产生物乙醇平均可以减少 13%的温室气体排放,利用柳枝稷生产生物乙醇替代化石汽油可以减少 94%的温室气体排放[7],而第二代生物液体燃料随着技术的进步,可以更大程度地减少温室气体排放[8]。目前,生物液体燃料产量大国的主要原料是基于耕地的粮食作物。基于耕地的农业生产有多年来人类耕种的经验为基础,因此在产能和环境效益方面有相对准确的结论。而麻风树等非粮能源植物的开发利用相对较短,相关研究工作和资料相对缺乏,其焦点问题也是争议最大的是在规模化利用的情况下,如何科学估算其温室气体减排潜力[2]。只有解决好这一问题,才能对发展生物液体燃料的前景做准确评判,进而合理规划能源植物种植和产业布局。

1.2　可再生生物液体燃料及其发展现状

　　目前,随着能源开发效率不断提高,全球能源需求仍会增加 35%。考虑到经济的扩张及人口日益增长,发展中国家 2040 年的能源需求将比 2010 年增加 65%[9]。进入 21 世纪,由于石油价格的持续攀升,生物液体燃料产业在全球迅速兴起。生物液体燃料是生物质能源的重要组成部分,主要包括燃料乙醇和生物柴油两种形式,是目前最主要的交通替代能源。燃料乙醇是指通过发酵和糖转化等加工程序,将原料中的淀粉纤维素等物质转化为乙醇而获得的燃料,它可以直接用于石油的添加剂或与汽油混合使用;生物柴油则主要是指通过酯交换等方法将原料中的油脂转化为脂肪酸甲酯而获得的燃料,它可与普通柴油混合或单独作为燃料使用[10]。

　　根据生物液体燃料生产所采用的原料与技术不同,又可以分为第 1 代、第 1.5 代和第 2 代生物液体燃料。其中,第 1 代生物液体燃料主要是指以玉米等粮食作物为原料生产的生物液体燃料,目前技术较成熟[11]。第 1.5 代生物液体燃料主要是指以麻风树、黄连木、光皮树、文冠果、木薯等非粮作物为原料所生产的生物液体燃料,包括林业生物柴油和燃料乙醇,其生产技术相对较成熟,同时其发展对社会经济与环境等方面产生的负面影响更小[12]。第 2 代生物液体燃料主要是指以纤维素(林业、农作物残余)和"工程海藻"等为原料所生产的生物液体燃料,其可以减少净碳排放、增加能源利用效率,目前该技术尚处于实验室研究阶段[11]。

美国和巴西是世界上最大的燃料乙醇生产国,其中美国以玉米为主要原料,巴西以甘蔗为主要原料;欧盟是生物柴油的最大生产商,以油菜籽为主要生产原料。同时,虽然第 2 代生物液体燃料还未开始商业化生产,但欧盟、美国、加拿大及中国、印度、泰国等国家都投资进行相关研究并建立了生产厂进行试验生产[9]。

全球生物液体燃料发展动态如图 1-1 所示,其特点表现为:

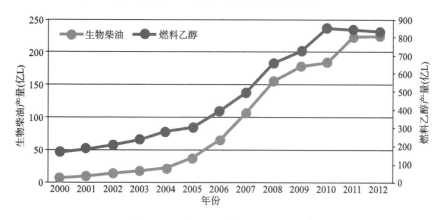

图 1-1　全球生物液体燃料发展动态[9]

(1)进入 21 世纪以来,由于石油价格的持续上涨,生物液体燃料飞速发展,2000 年,全球燃料乙醇和生物柴油生产总量分别为 170 亿升和 8 亿升,到 2010 年,全球燃料乙醇和生物柴油产量达到 850 亿升和 185 亿升,2010—2012 年,燃料乙醇产量出现缓慢下降而生物柴油产量持续增长至 225 亿升。全球燃料乙醇和生物柴油年均增长率分别为 14.5% 和 33.8%。生物液体燃料提供了约 3% 的全球公路运输燃料,并且这一贡献正持续增长,在航空和海运部门的作用也逐渐增加。受国际石油危机影响,全球生物液体燃料发展迅速,但近两年燃料乙醇的产量稍有下降,在几个国家中,生物能源市场的投资和新厂建设的增长速度也在减缓,主要原因在于产品利润空间变小、投入商品价格飙升、政策的不确定性、原料的竞争加剧以及旱灾对作物生产力的影响。另外,还需要考虑到能源作物与粮食作物在土地与水资源方面的竞争及能源生产的可持续性。即便如此,生物液体燃料仍有极大的需求空间[9]。

(2)燃料乙醇发展规模大于生物柴油,但生物柴油发展速度更快。2000 年全球燃料乙醇生产总量为 170 亿升,而生物柴油产量仅 8 亿升。到 2012 年,全球燃料乙醇和生物柴油产量分别为 831 亿升和 225 亿升,分别占全球生物液体燃料总产量 78.7% 和 21.3%。虽然绝对产量上生物柴油远少于燃料乙醇,但生物柴油相对增长速度要快于燃料乙醇[9]。

(3)在 2012 年,全球燃料乙醇的产量比 2011 年下降了 1.3%,这在一定程度上可以被生物柴油产量的增长抵消。除美国之外,全球燃料乙醇产量增长大于 4%,而美国的燃料乙醇产量下降了 4% 到 504 亿升,主要是由于 2012 年美国干旱导致的玉米价格过高。相比之下,巴西的产量增加了 3% 到 216 亿升,尽管近几年在新的甘蔗乙醇生产中的投资相对较低。总的来说,2012 年美国和巴西的燃料乙醇产量各占全球总产量的 61%(2011 年为 63%)和 26%

(2011 年为 25％)。其他的主要生产国包括中国、加拿大和法国。在瑞典,生物液体燃料的需求仍持续增加,约有 20 万辆灵活型燃料汽车使用当地生产或进口的混合型燃料乙醇[9]。

同时,由于现有的燃料乙醇产业主要以玉米和甘蔗为原料,在很大程度上受国际粮食安全的影响,由于国际粮食价格和蔗糖价格的大幅上涨,未来的生物液体燃料发展将以非粮食原料为主,并充分利用边际土地。

Schroder 认为,生物能源是解决世界能源危机的一种有效方法,提出了在荒地上种植新型能源植物的可行性[13]。Batidzirai 等综述了目前用于生物能源评估的主要技术和方法,并确定了生物能源生产潜力评估中的关键要素,对美国、中国、印度、印度尼西亚、莫桑比克生物能源生产潜力进行了评估[14]。Hattori 等[15]研究了可用于生物乙醇生产的能源植物及其生长条件,研究发现,在日本和一些其他亚洲国家,大米可以作为一种能源植物在未利用的低洼地中种植。生物能源的发展在中国也有研究,考虑到粮食安全问题,主要研究生物能源在边际土地上的生产潜力[16-18]。Tseng Y K 发现,在台湾台东县的贫瘠的砾石土和干旱地上种植麻风树,无论在经济、环境还是土地保护方面都要比种植玉米或小米有优势[19]。

1.2.1　燃料乙醇发展动态

燃料乙醇也称生物燃料、燃料酒精、汽油醇、乙醇汽油等。将乙醇进一步脱水再加上适量的变性剂(汽油)后形成变性燃料乙醇。把变性燃料乙醇和汽油以一定比例混配,形成一种新型混合燃料即为车用乙醇汽油,国际上称为汽油醇[20]。燃料乙醇一般是指体积分数达到99.5％以上的无水乙醇,是良好的辛烷值调和组分和汽油增氧剂,燃烧乙醇汽油能够有效减少汽车尾气中的 $PM_{2.5}$ 和 CO,其作为可再生液体燃料的代表之一,可补充化石燃料资源,降低石油资源对外依存度,减少温室气体和污染物排放,近年来受到世界各国的广泛关注[12]。目前,已经推广燃料乙醇的国家有美国、巴西、加拿大、中国、哥伦比亚、法国、西班牙、印度、瑞典和泰国。

(1)国外发展动态

目前,全球所使用的生物液体燃料主要为燃料乙醇,2012 年燃料乙醇占生物液体燃料总量的 78.7％。世界上主要的燃料乙醇生产国为美国和巴西。

美国早在 20 世纪 80 年代早期就开始了玉米乙醇的生产。1908 年,美国人设计并制造了世界上第一台纯乙醇的汽车,1930 年乙醇/汽油混合燃料在内布拉斯加州首次面市,1978 年,含 10％乙醇的混合汽油在内布拉斯加州大规模使用。美国针对燃料乙醇的补贴政策也较早,为了应对海湾石油危机,减少对石油进口的依赖,鼓励燃料乙醇的使用,在 1978 年立法《能源税收法案》,免除乙醇汽油 4 美分/加仑①的消费税。目前,美国至少有 20 个州对乙醇汽油给予了税收减免或财政补贴的优惠政策。除此,美国国会在 1990 年通过了《清洁空气法修正案》,法案从环境保护的角度出发,强制使用含氧汽油及新配方汽油,法案的实施对燃料乙醇的推广起到了非常重要的政策支持[21]。

---

①　1 加仑(gal)＝3.785 升(L)。

美国是世界上最大的燃料乙醇生产国,2011年占世界燃料乙醇产量的62.2%,美国的燃料乙醇原料主要以玉米为主,2011年生产燃料乙醇消耗的玉米达1.28亿t,相当于美国当年玉米总产量的40%左右,占全球玉米产量的25%。2012年夏天,美国发生了56年来最严重的干旱,玉米产量下降了20%,导致美国燃料乙醇产量下降,第一次进口巴西燃料乙醇,美国目前正在努力发展第2代燃料乙醇,前景很好,但发展较为缓慢。

巴西燃料乙醇产业的发展始于20世纪20年代,1925年开展了第一次燃料乙醇汽车的距离测试。1933年制定了推动燃料发展的第737号法令。1973年发生石油危机,1975年巴西制定了"国家乙醇计划",开启了乙醇替代石油之路,大大推动了燃料乙醇产业的发展,并在经济和环境方面带来了巨大的收益。巴西在燃料乙醇的大规模发展中形成了四个清楚的"里程碑"时期[22]。第一阶段是1975—1979年,由于1973年的石油危机及全球糖价下跌,巴西政府选择了生产乙醇替代石油的发展之路。这一举措一方面是为了使糖价复苏,另一方面是为了降低国内对化石燃料的依赖。第二阶段是1979—1989年,"国家乙醇计划"的实施达到高峰,财政和金融激励政策起到了重要的作用。第三阶段,1989年,加油站的燃料乙醇出现短缺,消费者信心开始动摇,专为燃料乙醇设计的汽车销量急剧下降,直到2000年,政府对燃料乙醇的整个支撑体系瓦解。20世纪90年代,糖醇研究所(IAA)被取消,燃料乙醇产业由政府向私营转型。第四阶段是2000年至今,燃料乙醇开始重新使用。2002年巴西政府废除了对该行业的价格控制。2003年灵活燃料进入市场,并且随着石油价格的不断上涨,乙醇行业的投资、生产及技术创新都得到了很大程度的进步。

巴西是第二大燃料乙醇生产国,以甘蔗为主要原料,约有50%的甘蔗用于生产燃料乙醇,燃料乙醇供应了其国内轻型乘用车38%的燃料需求,2011年由于甘蔗的减产导致燃料乙醇产量降低,总产量为1665.2万t,占世界总产量的25%,较2010年下降了19.5%,巴西目前正在开发蔗渣制燃料乙醇和新一代的含糖木薯制燃料乙醇技术。

由于石油价格的不断上涨,温室气体排放增加,欧盟也在积极发展燃料乙醇计划。欧盟生物燃料指令计划到2020年,生物燃料消费量占交通运输行业燃料消费量的5.75%。2008年欧盟委员会提出生物燃料在交通领域的消费量要占到10%的份额,2020年要达到20%。欧盟成员国在2005年生产燃料乙醇72万t,主要原料为小麦和薯类。

(2)国内发展动态

我国燃料乙醇产业化发展时间较晚但速度较快。2000年开始推广乙醇汽油准备工作,2001年,启动"十五酒精能源计划"且要求在汽车运输行业中推广使用燃料乙醇。同年,我国八部委共同颁布的《陈化粮处理若干规定》中确定陈化粮的主要用途为生产燃料乙醇、饲料等。2002年发布《车用乙醇汽油使用试点方案》和《车用乙醇汽油使用试点工作细则》,确定了河南省的郑州、洛阳、南阳和黑龙江省的哈尔滨、肇东等5个城市进行车用乙醇汽油使用试点,2004年车用乙醇汽油的试点进一步扩大到河南、安徽、黑龙江、吉林、辽宁5省[23]。2004年,经国务院批准建设四个生物燃料乙醇试点项目,批准生产能力102万t/a。到2006年,我国成为继美国、巴西之后的第三大生物燃料乙醇生产国。"十一五"期间,我国燃料乙醇产业在《可再生能源法》的推动下发展较快,燃料乙醇使用量从2005年的102万t增加到2010年的180万t。根据我国《可再生能源发展"十二五"规划》,到2015年生物燃料乙醇利用量要达到400万t。

1.2.2　燃料乙醇生产原料及工艺

根据燃料乙醇所用的材料和技术的不同可以分为第 1 代燃料乙醇、第 1.5 代燃料乙醇和第 2 代燃料乙醇。第 1 代燃料乙醇以粮食为原料,由于存在成本过高、对土地和粮食安全造成威胁而备受争议,乐施会(Oxfam)①的研究表明,以粮食为原料的生物燃料推高了粮食价格,并大量占用土地资源,过去十年中亚洲、非洲和拉丁美洲有 60％的新开发土地被用于生产生物燃料[10-12]。欧盟为了减少因使用以粮食为原料的生物燃料对社会和环境带来的负面影响,2012 年 10 月公布了新生物燃料法令限制使用粮食生产生物燃料,到 2020 年,以粮食为原料的生物燃料的使用比例不得超过 5％[14]。第 1.5 代燃料乙醇主要以甜高粱茎秆和木薯等非粮作物为原料,主要利用作物中的糖类物质,采用生化工艺,通过糖发酵生产燃料乙醇。第 2 代燃料乙醇主要以纤维素和其他废弃物为原料,采用生化法和热化学法制造,第 2 代燃料乙醇产业发展速度比预期要慢得多[15]。

从燃料乙醇生产的原理来看,可以分为三类:一是以糖为原料,如甘蔗、甜高粱、甜菜等;二是以淀粉为原料,如玉米、小麦、木薯等;三是以木质纤维素为原料,如柳枝稷、芒草、农作物秸秆等。

以糖为原料生产燃料乙醇,工艺最为成熟的是巴西以甘蔗汁及甘蔗蜜糖为原料进行发酵转化。发酵采用的酵母及发酵方式直接影响乙醇的转化率,最常用的乙醇发酵菌种为酿酒酵母。常用的发酵方式有批次发酵、流加补料发酵、重复批次发酵、连续发酵及连续去除乙醇发酵[24]。

以淀粉为原料生产原料乙醇,工艺最为成熟的是玉米。美国绝大部分的燃料乙醇是以玉米为原料生成的。玉米燃料乙醇按照生产工艺可分为"湿法"与"干法"。对于专业的乙醇生产企业,采用技术手段分离出胚芽生产玉米油是必要的,并且工业生产乙醇时,只要求玉米淀粉脂肪含量低于 1.0％即可。因此,"半干法"工艺或"改良湿法"工艺被渐渐采用和发展[25]。

以木质纤维素为原料发酵乙醇的工艺主要有直接发酵法、间接发酵法、混合菌发酵法、同步水解发酵法(SSF 法)、非等温同步水解发酵法(NSSF 法)、固定化细胞发酵法等;根据乙醇生产形态方式分为间歇式、半连续式和连续式三种。现代燃料乙醇生产中的发酵技术推荐使用连续液体发酵工艺、同步水解发酵法(SSF 法)、非等温同时糖化发酵法(NSSF)、固定化细胞发酵技术和无蒸煮发酵技术等[26]。

1.2.3　生物柴油发展动态

生物柴油最早是在 1895 年由德国工程师 Rudolf Diesel(1858—1913 年)提出,并在 1988 年由德国聂尔公司发明,它是以植物果实、种子、植物导管乳汁或动物脂肪油、废弃的食用油等

---

① 乐施会(Oxfam)是一个具有国际影响力的发展和救援组织的联盟,由 13 个独立运作的乐施会成员组成。

为原料,与醇类(甲醇、乙醇)经酯化反应获得,是一种可替代化石柴油使用的环保燃料,并且是环境友好的新型环保能源[27]。由于其突出的环保性和可再生性,引起了世界发达国家,尤其是资源贫乏国家的高度重视。

(1)国外发展动态

近 20 年,生物柴油产业在世界各国发展很快。西方国家为发展生物柴油,在行业规范和政策鼓励下采取了一系列积极措施。为了便于推广使用,欧美各国都制定了生物柴油技术标准,例如,欧盟对生物柴油在汽车燃料中的销售比例做出了硬性的规定[28,29]。

全球生物柴油产量由 2001 年的 9.59 亿升增长到 2011 年的 214 亿升。尤其欧洲,是生物柴油领先的市场,2011 年欧盟生物柴油产量为 92 亿升,占全球生物柴油产量的 43.0%,美国为 32 亿升,占全球总产量的 15.0%,阿根廷为 28 亿升,占全球总产量的 13.1%,中国仅为 2 亿升,占全球总产量的 0.9%。世界五大生物柴油生产国是德国、美国、阿根廷、巴西和法国[10]。

欧盟一直是生物柴油研究和推广的主要地区,欧盟各成员国在生物柴油领域的投资力度也在迅速加大,目前生物柴油占欧盟地区生物燃料总量的 68%。生物柴油的生产主要以油菜籽、大豆、棕榈油和葵花籽等作为原料,动物油也开始应用。从世界整体格局来看,欧盟已是生物柴油产业发展的主力军,其中以德国发展最为迅速。2005 年,欧盟生产生物柴油的成员国有 20 个,而到 2009 年成员国数量增加至 26 个[30]。2003 年欧盟生物柴油的产量为 270 万 t,2005 年产量为 607 万 t,比上年增长 65%,欧盟计划在 2020 年使生物柴油在柴油市场中的份额达到 20%。德国现有超过 20 家生物柴油厂,300 多个生物柴油加油站,对生物柴油实行免税的政策;法国有 7 家生物柴油厂,总生产能力为 40 万 t/a,使用标准是在普通柴油中掺加 5%生物柴油,对生物柴油的税率为零;意大利有 9 家生物柴油厂,总生产能力 33 万 t/a,对生物柴油的税率为零;奥地利有 3 家生物柴油厂,总生产能力 5.5 万 t/a,税率为石化柴油的 4.6%;比利时有 2 个生物柴油生产厂,总生产能力约 24 万 t/a[31]。

德国已经制定法规要求所有出售的石化柴油中至少含 5%的生物柴油,德国国内奔驰、宝马、大众和奥迪等汽车生产厂家生产的柴油动力汽车均可以使用生物柴油。法国、意大利、丹麦等欧洲国家也都参与生物柴油研发领域的竞争,并结合本国实际情况制定了各自的发展战略,在生物柴油研究开发和产业化方面取得了相当大的进展[32]。

美国是最早研究生物柴油的国家,美国商业性生产生物柴油始于 20 世纪 90 年代初。1992 年美国能源署及环保署都提出把生物柴油作为清洁燃料,进行推广应用。1998 年制定了技术标准,联邦政府和国会及有关州政府先后发布和通过政令和法案,支持生物柴油的生产和消费。2002 年,美国参议院提出包括生物柴油在内的能源减税计划,生物柴油享受与乙醇燃料同样的减税政策;要求所有军队机构和联邦政府车队、州政府车队及一些城市公交车使用生物柴油。为帮助降低生产先进生物燃料的成本,并使相关技术达到商业化,2007 年美国将其能源部生物质能研究经费增加 65%,总数达 1.5 亿美元[33],并且为了减少大豆油的使用,规定对餐饮废油生产生物柴油给予更多税收减免。一系列税收减免和政府补贴政策使得美国生物柴油在市场上成本优势明显,已对欧盟构成挑战。2006 年,美国生物柴油生产能力为 260 万 t,实际产量为 125 万 t,截至 2007 年底,有生物柴油生产企业 171 家,生物柴油产量 4.5 亿加仑,比 2006 年提高 80%。美国生物柴油产业的发展带动了相关产业,并已形成一个产业集群,包括生物柴油生产厂、添加剂和催化剂供应商、油品调配分销站、工程建设公司[34]。根据美国国家生物柴油委员会的计划,到 2015 年,生物柴油产量将占全国运输柴油消费总量的 5%,达到 610 万 t[35]。同时,以大豆油生产的生物柴油为原料,开发可降解的高附加值精细化工产品,如润滑剂、洗涤剂、溶剂等,已形成产业。

日本是亚洲发展生物柴油最早的国家。日本盛产鱼虾,日本人民喜欢煎炸鱼虾等食品。其每年的食用油消费量为 200 万 t,产生的废弃食用油达 40 万 t,为生产生物柴油提供了原料[36]。日本于 1995 年开始研究用饭店剩余的煎炸油生产生物柴油,1999 年建立了生产能力为 259 L/d 的以煎炸油为原料生产生物柴油的工业化试验装置,可降低原料成本。同欧洲国家一样,日本也对生物柴油采取零税率的政策,并对制造生物柴油的工厂予以免税,对供应生物柴油的加油站实行政府补贴[32]。目前,在日本东京和长野有 4 家生物柴油工厂,年生产生物柴油 40 万 t。除日本外,亚洲许多国家也开始发展生物柴油。印度政府在德国戴姆勒—克莱斯勒公司的援助下,正在实施"印度清洁空气计划";泰国与日本正在联手开发生物柴油产业;韩国生产的生物柴油已经在城市清洁车和垃圾运输车中试验使用。另外,菲律宾和印度尼西亚都在积极开发生物柴油产业[31]。

(2)国内发展动态

随着生物质能源巨大的市场潜力和发展潜力,中国政府也在积极推动可再生能源的发展。目前,我国生物柴油的发展还处在初级阶段,尚未形成生物柴油的产业化。但是我国政府对生物能源的发展非常重视,制定了多项促进其大力发展的政策。在政府的支持下,经过各科研部门和企业等的努力,已经有了显著进步。2006 年《可再生能源法》明确规定了政府和社会在可再生能源开发利用方面的责任与义务,确立了一系列制度和措施,包括中长期目标与发展规划,鼓励清洁、高效地开发利用生物质燃料,鼓励发展能源作物。随后,国家发改委相继出台详细规定了可再生能源发电上网、固定电价和费用分摊等方面的政策[37]。2007 年,国家发改委发布了《可再生能源中长期发展规划》,计划生物燃料乙醇年利用量达 1000 万 t,生物柴油年利用量达 200 万 t,提出到 2010 年可再生能源消费量达到能源消费总量的 10%,到 2015 年达到 20% 的发展目标。2011 年 2 月,我国正式实施了首部生物柴油调和燃料产品标准《生物柴油调和燃料(B5)》(GB/T25199—2010),2013 年 2 月云南省强制性地方标准《生物柴油调合燃料(B10)》(DB53/450—2013)和《生物柴油调合燃料(B20)》(DB53/451—2013)正式出台,这些标准的实施将能更好地规范我国生物柴油产业的发展[37]。

1.2.4　生物柴油生产原料及工艺

我国具有丰富的非食用油脂植物资源。目前,政府、企业和高校研究院所较为关注的具有大规模种植前景的主要木本油料作物包括黄连木、光皮树、文冠果、麻风树、油桐和乌桕等。

黄连木(*Pistacia chinensis* Bunge),又称中国黄连木,主要分布在我国境内,北自黄河流域,南至两广及西南各省均有,常散生于低山丘陵及平原,其中以河北、河南、山西、陕西等省最多。因此国外学者对黄连木研究较少,而对分布广泛的麻风树研究较多[38]。麻风树

（Jatropha curcas L.）又名黄肿树、芙蓉树，为大戟科麻疯树属植物，主要分布于热带和亚热带地区，原产于南美洲热带地区，在非洲、美洲、澳洲和东南亚等地都有分布，在我国主要集中分布在广西、云南、贵州、四川等西南各省区。种植面积广，资源非常丰富，而且具有较强的环境适应性，被称为"生态先锋树种"，具有广泛的开发利用前景[39]。对麻风树的开发研究最早开始于 20 世纪 80 年代，到 1995 年，洛克菲勒基金和德国政府技术支持计划（GTE）在巴西、尼泊尔和津巴布韦三国开始进行油料作物研发。根据联合国工业发展组织（UNIDO）的"COM-FARⅢ"专家项目，在尼加拉开展的麻风树系统农村工业开发项目，已达年种植 2556 hm²，年生物柴油 3937 t 的工业化生产规模[40,41]。2003 年 11 月第三届国际环境论坛上，联合国环境规划署（UNEP）提出了一系列在中国实施生物柴油的方案。

现代生物柴油生产工艺已经摆脱了早期的高能耗、经济性差、低转化率的油脂高温裂解技术，目前生物柴油的生产方法分为物理法、化学法、微生物法等多种方法，但是相对成熟完善的主要还是物理法和化学法。

物理法主要是通过破碎、压榨木本油料作物种子或果实等工序获得植物油脂，或者是将植物油与常规柴油按照一定比例混合直接作为柴油替代燃料使用。物理法不改变油脂组成和性质，它主要利用了动植物油脂可燃烧与高能量密度的特点，包括混合法和微乳液法。1983 年，Amans 等将大豆油与 2 号柴油以 1∶2 的比例混合，制成了可直接用于机械引擎的替代柴油燃料。微乳液法的例子有：Ziejewski 等用冬化葵花籽油、甲醇、丁醇制成乳状液，Georing 等用乙醇水溶液与大豆油制成微乳液，Neuma 等用表面活性剂、助表面活性剂、水、石化柴油和大豆油制成可替代柴油的微乳液[10]。

化学法是将油料作物种子或果实的植物油脂加入催化剂进行化学转化，获得真正意义上的柴油进行使用。化学法改变了原料油的分子结构，使主要组成为脂肪酸甘油酯的油脂转化成为分子量仅为其 1/3 的脂肪酸低碳烷基酯，从而从根本上改善流动性和黏度，适合用作柴油内燃机的燃料，它是目前提取生物柴油最主要的方法，主要有高温裂解法和酯交换法两种。

微生物法的其中一种是生物酶法合成生物柴油，即用动物油脂和低碳醇通过脂肪酶进行转酯化反应，制备相应的脂肪酸甲酯及乙酯；另一种是"工程微藻"法，主要是指用海水作为天然培养基，通过现代生物技术建成"工程微藻"（硅藻类的一种"工程小环藻"），然后从中提取生物柴油的生产工艺。但目前真正用于工业生产并有实用价值的主要是化学法（表1-1），因为通过化学转化得到的脂肪酸低碳烷基酯与常规柴油几乎具有完全相同的流动性和黏度范围[38,8]。

表 1-1　黄连木生物柴油生产工艺优缺点比较[38,8]

生产工艺	优点	缺点
物理法	可再生、热值高	黏度大、容易导致积碳及润滑油污染
化学法	技术成熟、工艺简单、产品黏度小、流动性好	投入设备大、产品产出率低、原料要求高、成本高、能耗高
生物酶法	适用于各种原材料、无污染、成本低	技术要求高、生物酶对短链脂肪醇的转化率低
工程微藻法	出油率高、产品无污染，是未来的发展趋势	技术尚未成熟，未进行大规模推广

1.3　问题与趋势

虽然我国生物液体燃料产业已呈现出快速发展的态势,但是其发展仍面临着很多不确定性,主要表现在:

(1)原料生产存在很大不确定性。生物液体燃料产业涉及原料生产、加工、产品销售与使用等环节,其中原料生产成本约占生物液体燃料总成本的70%～88%,因此,原料供给潜力是决定整个生物液体燃料产业发展潜力的关键环节[42,43]。

(2)对于利用生物液体燃料对环境产生的影响的问题也存在争议。根据学者们的研究,相比传统化石燃料,利用不同的生物质能源和工艺生产生物乙醇和生物柴油可以减少12%～125%的温室气体排放[22,39]。然而,一些学者认为,已有研究通常未考虑由于生物能源植物种植导致的土地利用变化所造成的温室气体排放增加,如果考虑土地利用模式变化造成的影响,发展生物液体燃料将对环境造成负面影响[39];还有学者认为,利用边际性土地发展生物液体燃料可能会增加土壤侵蚀风险[41]。

(3)对于生产过程中的净能量平衡问题同样存在争议。一些研究表明,生产的生物乙醇所具有的能量比生产过程中所投入的能量多25%,而生物柴油则多93%。

从已有的相关文献来看,生物液体燃料原料生产环节、净能量平衡及其对环境的影响等问题的研究相对比较薄弱。目前的研究大多集中在能源作物的习性特征、生物液体燃料提取加工技术、理化性状及燃烧排放特征等技术层面。虽然也有学者对生物液体燃料生产的土地资源潜力、净能量平衡及环境影响进行了尝试性研究[4,5],但其研究更多基于定性估计数据或仅限于实验,使得研究缺乏科学性与说服力。

第 2 章　能源植物资源利用潜力分析的理论与方法

2.1　能源植物资源利用潜力研究动态

作为一种可行的化石燃料的替代能源,生物燃料必须要提供净能量收益,具有环境效益、经济效益并且在不减少粮食供给的情况下能够大量生产[6]。第一代生物燃料原料主要来自玉米和其他一些粮食作物。然而,第二代生物燃料的生产原料主要是树木、作物秸秆、能源作物和一些市政建筑废物,毫无疑问,可以减少碳净排放,增加能源效率并减少能源的依赖性,从而克服第一代生物燃料的局限性[11]。目前生物液体燃料产量大国的主要原料是基于耕地的粮食作物,例如,美国主要利用大豆和玉米,欧盟利用油菜籽和大豆发展生物柴油,巴西则利用甘蔗发展生物燃料乙醇[42]。基于耕地的农业生产有多年来人类耕种的经验为基础,因此在产能和环境效益方面有相对准确的结论:跟传统化石燃料相比,利用不同的生物质能源和工艺生产生物乙醇和生物柴油可以减少 12％～125％ 的温室气体排放[6,22,43]。例如,Adler 等根据宾夕法尼亚州的研究结果,指出美国现有的能源作物系统都是净的温室气体汇。利用玉米为原料生产生物乙醇平均可以减少 13％ 的温室气体排放,玉米—大豆轮作发展生物液体燃料可减排温室气体 38％、玉米—大豆—紫花苜蓿轮作可减排温室气体 41％[43];Stephenson 等发现英国规模化发展基于油菜籽的生物柴油,可实现温室气体减排 26％[44]。

我国的情况与上述国家不同,面对人均耕地面积少和生态环境压力,我国政府提出了利用非粮植物作为燃料来源,利用非耕地种植能源作物的基本原则。生物燃料(尤其是第二代生物燃料)在成为可持续的、环境友好的能源形式方面具有很大的可能性[45]。第二代生物液体燃料主要包括燃料乙醇和生物柴油。燃料乙醇是通过碳水化合物原料的水解和发酵作用产生的。生产燃料乙醇的原料通常是糖类、淀粉和纤维的含量较高。生物柴油是通过麻风树和黄连木等油料作物产生的油与柴油混合而生产出的燃料[46]。然而,麻风树等非粮能源植物的开发利用相对较短,相关研究工作和资料相对缺乏,其焦点问题也是争议最大的是在规模化利用的情况下,如何科学估算其温室气体减排潜力[2]。只有解决好这一问题,才能对发展生物液体燃料的前景做准确评判,进而合理规划能源植物种植和产业布局。

目前,对于生产生物液体燃料所造成的土地利用模式变化及相应的温室气体排放影响存在争议。一些学者认为,现有研究通常未考虑由于生物能源植物种植导致的土地利用变化所造成的温室气体排放增加,如果考虑土地利用模式变化造成的影响,发展生物液体燃料将对环境造成负面影响[39,40]。然而根据美国能源部最新调查结果显示,上述研究中的一些假设存在明显的问题,如上述研究中假设到 2015 年每年可生产 300 亿加仑玉米生物乙醇,而根据《能源独立与安全法案》(Energy Independence and Security Act of 2007,EISA),到 2015 年仅计划生产 15 亿加仑玉米乙醇[41],研究中还假定发展生物能源将大量砍伐森林,而在规划中大部分森林都并未被列入,仅将疏林地、稀疏灌丛、稀疏草地、滩涂、裸土地等作为主体,而针对大量占用耕地的假设也是不正确的,因为发展生物能源不会占用耕地。以上争论的核心就是如何科学合理评估能源植物的能源效益和生态环境效益问题。

对于生产过程中的净能量平衡问题,研究表明,以粮食为原料生产生物乙醇产生的能量比生产过程中所投入的能量多 25%,而生物柴油则多 93%[6]。利用柳枝稷生产的生物乙醇比投入的不可再生能源多出 540%[7],体现了第 2 代生物液体燃料的巨大优势。而对于发展生物液体燃料会增加还是减少温室气体排放的问题也同样存在争议,根据学者们的研究,相比传统化石燃料,利用不同的生物质能源和工艺生产生物乙醇和生物柴油可以减少 12%~125% 的温室气体排放[6,7]。其中,利用玉米为原料生产生物乙醇平均可以减少 13% 的温室气体排放,而第 2 代生物液体燃料随着技术的进步,可以更大程度地减少温室气体排放[1]。研究表明,利用柳枝稷生产生物乙醇替代化石汽油可以减少 94% 的温室气体排放[7]。

Sasaki 等研发了生物量变化和收获模型来估算目前管理体制下的森林木本生物质能的可用性。在 1990—2020 年的同一时期的木质生物质能年总产量为 5.634 亿 t(11.3 EJ)。东南亚地区 1990 年能源总消耗为 6.4 EJ,2006 年为 15.7 EJ,年增长率为 9%。1993 年东南亚生物质能源产量为 2.4 EJ 占该年份能源总消费量的 33.1%。1992—1995 年间,该地区从木质燃料中提取能源的平均增长率为 2.5%/a[4,47,48]。因此,如果没有有效的政策来减少森林砍伐和森林退化,东南亚地区很有可能会发生能源短缺。利用木质生物质代替化石燃料生产能源可以同时减少碳排放。据估计,在整个模型模拟过程中,按照煤炭 25 kgC/GJ,石油 20 kgC/GJ,天然气 15 kgC/GJ 的碳转化系数,取代煤炭、石油和天然气可以分别减少 281.7 TgC/a、225.3 TgC/a 和 169.0 TgC/a[4]。

2.2　能源植物资源利用潜力分析方法

综上所述,生物液体燃料产业发展对经济、社会与环境的影响目前还存在很多争议,特别是非粮能源植物。因此,许多国家开始重新审视未来生物液体燃料发展方向,探索对经济社会与环境负面影响较小的生物液体燃料发展战略。针对这种情况,亟须发展一种可行、准确的能源植物规模化种植产生的温室气体减排效益的评估方法。目前较为常用的方法包括生命周期分析方法、IPCC 层次分析方法、基于生态系统过程模型的方法、基于生物地球化学过程模型的方法等。

2.2.1　生命周期分析的理论与方法

生命周期分析(Life Cycle Analysis,LCA)是一种用于对一个产品系统的整个生命周期中能量消耗进行评价的技术方法,包括原料采集、生产、产品使用和后处理各阶段[5]。近年来,生命周期分析方法被广泛应用于生物能源评估的研究中。Sobrinoa 等比较了生物燃料与化石燃料在整个生命周期中的能量消耗发现,用生物燃料替代部分化石燃料使用时能够消耗更少的初级能源而且减少了 CO_2 的排放[49]。Xing 等利用生命周期分析,包括种植、收获、运输、预处理及生物柴油的生产、分配和消耗各个过程,计算和评估了油菜籽、麻风树和废油三种原料的土地利用、水和能量的消耗[50]。Hu 等建立了大豆、油菜籽、光皮树和麻风树的生命周期能耗和排放评估模型[5]。王赞信等分析了麻风树等为原料生产生物柴油的生命周期能耗和污染物排放[52]。以小麦、玉米和红薯为原料生产燃料乙醇的生命周期中费用、能源消耗和环境影响也有分析[53]。Nguyen 等[54]、Dai 等[55]、Sobrino 等[49]分别在泰国、中国广西和中国全境,开展了木薯燃料乙醇的能量平衡和温室气体排放评估;Lu 等[38]、Li 等[56]估算了黄连木的能源和减排潜力。

　　纵观国内外利用生命周期分析方法分析能源植物温室气体减排潜力的研究,大多是在实验室数据基础上,以单位体积或质量液体燃料为研究对象的"减排效率",应用到较大范围时,往往采用全区平均的方法[57],估算结果是全区的总体情况,没有充分反映光、温、水、热等要素空间异质性带来的减排潜力的空间差异,因此难以对区域尺度的减排潜力进行准确评估。

　　面对上述问题,一些研究提出了引入空间数据和空间分析方法,即耦合地理信息系统(Geographic Information System,GIS)与 LCA 进行减排潜力评估的研究思路。例如,江东等首先在 GIS 支持下采用多要素综合分析方法,获取区域适宜种植能源植物的边际土地资源、等级及其空间分布;然后在每个 1 km×1 km 地理单元上,确定能源植物生物液体燃料的净能量和减排效率,然后将全区的结果累计,即得到全区的温室气体减排总量[17]。在前期研究中选取中国西南五省区为研究区,对西南地区发展麻风树、黄连木、木薯的温室气体减排潜力进行了分析评估[58]。结果表明,引入空间数据和空间分析模型,可以利用光、温、水、土等自然要素数据,在相对精细的地理单元上进行能源植物减排潜力的分析,为解决从"减排效率"到区域尺度减排潜力估算问题提供了初步的思路,其结果比先前基于总量的估算更为合理[58]。Dresen 和 Jandewerth 利用 GIS 将空间分析与 LCA 结合起来计算温室气体排放,以生物质在处理沼气方面的有效利用为例,提出了一种基于 GIS 的计算工具,可以将生物质潜力、基础设施建设、土地利用、成本和技术等地理数据与沼气工厂规划的分析工具相结合来确定最高效的工厂位置并计算莱茵河下游地区和德国阿尔特马克地区气体排放平衡、生物质流和成本,得到温室气体平衡的结果。单个站点的平衡、区域平衡及他们的时间发展都可以利用 LCA 方法在GIS 中计算。GIS 不仅可以对单独的工厂进行评估,也可以决定整个区域的温室气体减排潜力、沼气潜力和必要的投资成本。因此,使可持续的、环境友好的方式开发区域沼气潜力变得更简单[59]。GIS 技术与 LCA 方法在环境上的整合能够提供一种可提供足够信息和结果的方法,以判断某种能源植物的实施能否减少能源消耗和二氧化碳当量排放。这种方法在南欧加泰罗尼亚地区得到了应用和验证。结果表明,温室气体减排效果非常好,每年可减少1 954 904 Mg 二氧化碳当量[60]。

2.2.2　IPCC 的层次分析方法

政府间气候变化专门委员会(Intergovernmental Panel on Climate Change,IPCC)提供了一种非常实用的计算温室气体排放的方法,结合了生态过程模型和陆面过程模型的部分思路和方法。新西兰的 De Klein 等用一种三个层次的方法估算土地管理过程中 N_2O 和 CO_2 的排放,包括由于沉淀和淋溶而加入土壤中的氮(N)造成间接的 N_2O 排放,以及使用含有石灰和尿素的肥料间接产生的 CO_2 排放[61]。

通常情况下,土壤管理过程中的直接 N_2O 排放可以通过"层次 1"方法估算。如果有一个国家的排放因子和相应活动数据等比"层次 1"中具有更详细的数据则可以选择"层次 2"方法。"层次 3"方法是能够将土壤和与 N_2O 排放量有关的环境变量关联起来的建模或测量方法[61]。"层次 1"方法由于数据获取方便而被广泛使用。Ruesch 等利用"层次 1"方法创建了全球地表和地下植被的生物量碳储量图。然而,他们采用的方法跟地面实测碳储量数据没有直接联系,并且没有进行实地验证[62]。在国家尺度上,IPCC 已经制定了一套从"层次 1"到"层次 3"不同层次和质量上估算温室气体的方法体系。在"层次 1"中估算森林碳储量的生物群落的平均值目前是可以随时免费提供的,但是现在仅能提供全球统一的森林碳储量信息,必然存在由于自然干扰、地形、微气候和土壤类型等造成的不确定性。另外,针对特定地区的估计存在有可能过高或者过低的情况。有研究显示,在这种方法中使用缺省值对温带湿润森林等生态系统类型的碳储量估算值将偏低[62-66]。除了以上不足,IPCC 对常规农作物提供默认参数,而对甘蔗、芒草和木薯等特定能源植物没有提供参考值。

下面以直接 N_2O 排放为例,介绍三种层次方法的估算方法及选择各个方法的条件[62-64]。

• 层次 1

$$N_2O_{Direct} - N = N_2O - N_{Ninputs} + N_2O - N_{OS} + N_2O - N_{PRP} \tag{2-1}$$

$$N_2O - N_{Ninputs} = \begin{bmatrix} [(F_{SN} + F_{ON} + F_{CR} + F_{SOM}) \cdot EF_1] + \\ [(F_{SN} + F_{ON} + F_{CR} + F_{SOM})_{FR} + EF_{1FR}] \end{bmatrix} \tag{2-2}$$

$$N_2O - N_{OS} = \begin{bmatrix} (F_{OS,CG,Temp} \cdot EF_{2CG,Temp}) + (F_{OS,CG,Trop} \cdot EF_{2F,Temp,NP}) + \\ (F_{OS.F.Temp,NR} \cdot EF_{2F,Temp,NR}) + (F_{OS.F.Temp,NP} \cdot EF_{2F,Temp,np}) + \\ (F_{OS.F,Trop} \cdot EF_{2F,Trop}) \end{bmatrix} \tag{2-3}$$

$$N_2O - N_{PRP} = [(F_{PRP,CPP} \cdot EF_{3PRP,CPP}) + (F_{PRP,SO} \cdot EF_{3PRP,SO})] \tag{2-4}$$

其中:

$N_2O_{Direct} - N$:耕种土壤每年产生的直接 $N_2O - N$ 排放,单位:kg $N_2O - N/a$;

$N_2O - N_{Ninputs}$:耕种土壤每年由氮输入产生的直接 $N_2O - N$ 排放,单位:kg $N_2O - N/a$;

$N_2O - N_{OS}$:有机耕种土壤每年产生的直接 $N_2O - N$ 排放,单位:kg $N_2O - N/a$;

$N_2O - N_{PRP}$:放牧土壤每年由尿素和粪便输入产生的直接 $N_2O - N$ 排放,单位:kg $N_2O - N/a$;

F_{SN}:每年应用于土壤中的合成肥料氮总量,单位:kg $N_2O - N/a$;

F_{ON}:每年应用于土壤中的动物粪便、堆肥、污泥和其他有机氮总量,单位:kg $N_2O - N/a$;

F_{CR}：每年作物秸秆中的氮总量，单位：kg N_2O-N/a；

F_{SOM}：每年矿物质土壤中由于土壤矿化产生的氮总量，由于土地利用或管理方式变化产生的土壤有机质中碳氮流失，单位：kg N_2O-N/a；

F_{OS}：每年耕种的有机土壤总面积，单位：hm^2；

F_{PRP}：每年由于在草场、牧场和围场放牧造成的尿素和粪便中氮沉积的总量，单位：kg N_2O-N/a；

EF_1：来自氮输入的 N_2O 排放因子，单位：kg $N_2O-N/$（kg N 输入）；

EF_{1FR}：来自浸渍稻氮输入的 N_2O 排放因子，单位：kg $N_2O-N/$（kg N_{input}）；

EF_2：有机耕种土壤的 N_2O 排放因子，单位：kg $N_2O-N/$（$hm^2 \cdot a$）；

EF_{3PRP}：草场、牧场和围场放牧造成的尿素和粪便中氮沉积的排放因子，单位：kg $N_2O-N/$（kg N_{input}）；

• 层次 2

如果某个国家能够提供更加详细的排放因子和相关活动数据，"层次 1"中的方程就可以进一步分解变形。例如，如果知道不同条件下应用合成化肥和有机氮的活动数据和排放因子，则"层次 1"方程可以转化为：

$$N_2O_{Direct}-N = \sum (F_{SN}+F_{ON})_i \cdot EF_{1i} + (F_{CR}+F_{SOM}) \cdot EF_1 + N_2O-N_{OS} + N_2O-N_{PRP}$$

(2-5)

式中：EF_{1i} 是应用合成化肥和有机氮产生的 N_2O 排放因子，其他参数意义同前。

• 层次 3

"层次 3"是通过测量或建模形成的高级的系统，目的是改进温室气体排放估算结果，达到"层次 1"或"层次 2"方法不能实现的精度和效果。

建模过程主要分为以下 7 个步骤：

第 1 步：选择或者建立一个模型来计算温室气体排放或储量变化；

第 2 步：利用校正数据对模型进行评估；

第 3 步：收集与活动或环境条件相关的时空数据作为模型的输入数据；

第 4 步：量化不确定性；

第 5 步：运行模型；

第 6 步：利用独立的数据对模型进行评估；

第 7 步：完成报告和文档。

用于估算耕作土壤中直接 N_2O 排放的"层次 1"、"层次 2"和"层次 3"的具体决策流程如图 2-1 所示。

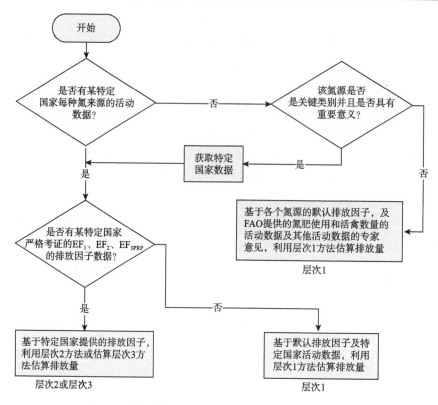

图 2-1　估算耕作土壤中直接 N_2O 排放方法决策树[62]

2.2.3　基于生态系统过程模型的方法

Wu 等利用美国农业部的 SWAT(Soil and Water Assessment Tool)模型在美国中西部詹姆斯河流域对一系列生物燃料的生产情况进行模拟,包括农作物轮作和土地覆被变化。SWAT 模型采用日为时间连续计算,是一种基于 GIS 基础之上的分布式流域水文模型,主要是利用遥感和地理信息系统提供的空间信息模拟水量、水质的输移与转化过程[67]。该团队依据生物量生产力及氮负荷的模拟结果对草地进行分类,并获取了生物量生产力目标和由此产生的氮负荷之间的关系,预测了 1991—2008 年 18 年模拟周期中的年均 NO_3-N 负荷和土壤 NO_3-N 浓度[67]。PnET(光合/蒸散模型)是一种包含了森林生态系统碳、氮、水动态模拟模块的嵌套式模型。该模型由美国复杂系统研究中心 Aber J. D. 等开发并在美国西北地区进行了验证[68]。Kiese 等为了更加准确地估算区域尺度上热带雨林生态系统 N_2O 排放源强度,修正了面向过程的生物地球化学模型——PnET-N-DNDC,针对热带雨林生态系统中碳、氮循环和相关的 N_2O 排放量对该模型进行了参数化。在澳大利亚和哥斯达黎加潮湿的热带地区模拟显示,基于站点数据模拟的逐日 N_2O 排放量和实地观测数据间有很好的一致性(模型效率可达 0.83)[69]。

Wetland-DNDC 模型采用了 PnET-N-DNDC 模型的主要结构,能够模拟湿地生态系统的碳动态变化及 CH_4 排放。该模型利用北美的三个湿地的不同的观测数据进行了验证。验证结果与实地观测数据基本一致[70]。PnET-II 模型在站点及群落水平上的预测结果显示,集成参数的方法在大尺度(多群落类型)和小尺度(群落内部)都得到了很好的应用[71,72]。然而,如果没有正确的物种"混合"来抵消过高或过低的估计结果,这种方法提供的参数估计将会不准确,因为物种的混合可以导致误差的互补[73]。

2.2.4　基于生物地球化学过程模型的方法

DAYCENT 模型是一个日尺度的生物地球化学模型,用于模拟农业生态系统中大气、植被和土壤中的碳、氮通量[74,75]。该模型是 CENTURY 生物地球化学模型的一个日尺度的版本。DAYCENT 模型的陆面子模型能够很好地模拟干草地、湿草地和水田系统中多种不同实验站点的土壤水和土壤温度动态。模拟结果与观测的雪覆盖数据、每周 0~10 cm 土壤水数据、每日实际蒸散数据和土壤温度数据进行比较,观测数据与模拟数据的相关度(r^2 值)范围在 0.58~0.96 之间[76]。DAYCENT 模型在 NPP、土壤有机碳、N_2O 排放和 NO_3 淋溶等方面的模拟能力已经利用不同的自然的和人工管理的系统中的数据进行了验证[77-79]。DAYCENT 模型在非水稻的主要农作物类型(玉米、小麦和大豆)的应用中,能够更真实地表现温室气体的排放情况。结果显示,在耕地土壤中减少温室气体排放和增加产量估算方面具有重大潜力。硝化抑制剂和分裂施肥的应用可以导致农作物增产(约 6%),但抑制剂的使用导致氮流失情况更大程度上的较少(约 10%)。免耕地可以导致碳存储,与硝化抑制剂相结合会导致温室气体排放减少约 50%并且农作物产量增加约 7%[80]。在该研究中,DAYCENT 模型相当于是 IPCC 方法的发展和提高,可以只基于氮输入来估算 N_2O 排放量而无须考虑气候和土壤条件。然而,模拟过程中使用的数据集需要采样到极粗的分辨率(1.9°×1.9°),而农作物类型的非空间参数(如肥料的利用率和使用日期)在一定区域内被认为是相同的。Lee 等对 DAYCENT 模型进行了校正及验证,预测了加利福尼亚的中部谷地柳枝稷的生物量生产潜力。在美国地区利用已发表数据对 6 种常见的品种进行了校正,并在加利福尼亚(2007—2009 年)4 个试验场生产的数据基础上对模型模拟结果进行了验证。经过模型校正和结果验证,该模型能够解释 2007—2009 年之间 66%~90%的观测产量差异。模型模拟结果(2.0~9.9 Mg/(hm^2 · a))与观测产量差异(1.3~12.2 Mg/(hm^2 · a))具有很好的一致性。在加州中央谷地地区,选定管理方式的情况下,Alamo 和 Kanlow 被认为是具有生物质生产潜力的两个品系。柳枝稷的生物质管理方式应该根据不同的温度和不同生态型的产量来选择[81]。RothC-26.3 模型最初是在洛桑实验(Rothamsted Long Term Field Experiments)中,为了模拟耕地表层土壤有机碳动态变化而开发并参数化的,也因此而得名。该模型以每月为时间周期计算多年到多世纪的时间序列上有机碳总量(t/hm^2)、微生物的生物量碳(t/hm^2)和 $D^{14}C$(由此可以计算出土壤中等效的放射性碳年龄)[82-85]。该模型已用于评估一系列的气候和植被类型(耕地、草地和森林),并已用于区域和全球尺度的预测[86-91]。

Hillier 等利用 RothC 模型在英格兰及威尔士地区对 4 种能源作物(芒草、短期轮作灌丛、白杨和冬小麦)20 年间的土壤碳动态变化进行了模拟。土壤温室气体排放被算在生命周期排放的环境中,然后对能够取代的化石燃料碳的潜力进行量化。估算了每一种土地利用变化及用 4 种能源作物分别取代耕地、草地、林地或半自然土地类型的转化过程中的温室气体平衡。

芒草和短期轮作灌丛在减少温室气体排放方面有很大的有益效应,而油菜籽和冬小麦只有净成本或边际效益[92]。

　　Biome-BGC 4.1.2版本模型是由美国国家大气研究中心(NCAR,由美国国家科学基金会赞助)的彼得·桑顿和蒙大拿大学林学院数字地球动态模拟研究组共同提供的。该模型是一个计算机模型,用于模拟陆地生态系统的植被、枯枝落叶层和土壤组成成分中的水分、碳和氮的储量和通量。Biome-BGC 模型首先是一个研究工具,为了许多不同的研究目的而开发了许多版本[93],被应用于模拟三种地中海物种(冬青栎属、苦槠和海松)的行为[94]。该模型也适用于生物量生产的长期观测管理站点。该试验包括33个典型森林管理示范站点的中欧森林中的四个主要物种(榉木、橡木、松树和云杉)的模型分析[95]。在这一区域,Schmid 等研究了一条垂直梯度上碳动态分析,横穿阿尔卑斯树线。该结果为模拟的平均碳汇对环境因素变化的敏感度分析提供了有力的解释[96]。Biome-BGC 模型在瑞典的森林地区也有应用,对森林地区碳平衡的现状及其对全球变化的敏感度进行了模拟[97]。Eastaugh 等结合奥地利国家森林资源普查数据,将可适应特定物种的生物地球化学模型 Biome-BGC 模型应用于奥地利气候变化区域的挪威云杉林,对当前气候变化对森林生长的相对影响进行了量化。研究结果发现,在国家尺度上,气候变化对挪威云杉的生产力的影响可以忽略不计,部分原因是区域尺度上一些相对影响的抵消作用[98]。基于 Biome-BGC 模型改进了一个净初级生产力算法用于估算麻风树的产量。研究者制定了一个考虑了土地覆被状况和作物潜在产量水平的区划方案,并应用该方案评估了麻风树在全球、区域和国家尺度上未来能够种植的潜在面积和产量。估计结果显示,世界麻风树种植的潜在面积是 0.59～14.86 亿 hm²,潜在产量为每年 0.56～36.13 亿 t 干种子[99]。Biome-BGC 模型的输出结果对以下各项具有重要作用:①根据植被确定碳储量的总量及分布;②预测空气中 CO_2 变化时不同生态系统的行为反应;③探索植被碳平衡中对水分胁迫和干旱的控制;④探索植被生长季中气候的年际变化;⑤提供管理生态系统尤其是森林生态系统的重要参数[94]。

　　表2-1中列出了常用的能源植物温室气体模拟的模型,现有文献有数百种不同类型的模型,本书只列出了应用最为广泛及可操作性相对较强的模型。

表 2-1　能源植物温室气体模拟的常用模型

模型	研究对象	研究区域	作者
Tier 1	植被	全球	Ruesch AS 等
	桉树林	澳大利亚	Keith 等
SWAT	生物燃料	美国中西部的詹姆斯河流域	Wu 等
PnET	森林生态系统	美国东北部	Aber John D 等
	热带雨林生态系统	澳大利亚和哥斯达黎加潮湿热带	Kiese 等
	湿地	北美	Zhang 等
DAYCENT	干草地、湿草地和水田系统	美国明尼苏达州	Parton W J 等
	农作物	美国	Del Grosso S J 等
	玉米、小麦和大豆	全球	Del Grosso S J 等[80]
	柳枝稷	加州中央峡谷	Lee 等[81]

续表

模型	研究对象	研究区域	作者
RothC	农田	欧洲的俄罗斯和乌克兰	Smith J 等[87]
	非涝土地	德国、英国和美国	Coleman K 等[91]
	芒草、杨树、冬小麦、油菜	英国和威尔士	Hillier 等[92]
Biome-BGC	冬青和松树	地中海地区	Chiesi M 等
	山毛榉、橡树、松树和云杉	中欧森林	Cienciala E and Tatarinov F A
	森林	中欧森林	Schmid S 等
	森林	瑞典	Lagergren F 等
Biome	挪威云杉	奥地利	Eastaugh C S 等
	麻风树	全球	Li Z 等

2.2.5　陆地生态系统过程模型 GEPIC 方法

陆地生态系统过程模型 GEPIC(GIS-based Environmental Policy Integrated Climate)是由瑞士联邦理工学院水产科学和技术研究所(EAWAG)的刘俊国教授等开发的,将 EPIC 模型与 GIS 技术耦合,可以用于模拟土壤—作物—大气管理系统主要过程的时空动态。

EPIC 模型的全称是 Erosion Productivity Impact Calculator(侵蚀—生产力影响计算模型),由美国 Williams 和 Sharpley 为首的 22 个知名科学家及工程师在 CREAMS 模型的基础上于 1984 年设计并研发,后改名为 Environmental Policy Introduced Climate(整合气候的环境政策模型)[100]。EPIC 模型是一个单点模型,所定义的最大田间尺度是 250 英亩①。模型以日为时间步长模拟一季甚至上百年农田水土资源和作物生产力的动态变化。EPIC 模型的初期版本由 9 个模块组成,即气候模块、水文模块、土壤侵蚀模块、养分循环模块、土壤温度模块、作物生长模块、耕作模块、经济效益模块和作物环境控制模块。1991 年,基于 GLEAMS 方法,该模型增加了农药和杀虫剂模块,1995 年又根据 CENTURY 模型方法,改进和加强了碳循环模块[101-104]。

GEPIC 模型克服了传统大尺度模型空间精度不高、小尺度模型难以满足环境政策决策需求的缺点,不但能够实现 EPIC 模型所有的功能,同时能以高空间分辨率定量评价,能够在全球、国家、流域尺度上以高空间分辨率模拟水文、植被生长与耗水、生态系统蓝绿水消耗,以及生物燃料生产对土地资源和水资源、土壤侵蚀的影响等过程。该模型现在已被美国、德国、瑞士、奥地利、西班牙、中国、印度等 12 个国家的近 20 所科研机构应用[105-107]。

GEPIC 模型初版是在 2004—2005 年开发的,依托瑞士国家科学基金会资助项目"水资源短缺—虚拟水进口的量测和启示",该模型开发用来量化全球尺度农作物产量和农作物水分利用率,空间分辨率 30 弧分(约 50 km×50 km)。GEPIC 模型由瑞士联邦理工学院水产科学和技术研究所(EAWAG)开发和维护,可供研究人员免费使用。

---

①　1 英亩=0.404686 公顷(hm²),下同。

2.3　关键问题与解决途径

在过去的 10 年中,研究者们在建立耦合生态系统/生物地球化学过程模型与 LCA 来全面地估算大规模能源植物种植温室气体减排潜力的这一有效方法上已经做出了很大的努力。根据国内外相近领域的最新进展,须在 LCA 框架下,引入基于过程的生物地球化学模型,以对能源植物产能效益及其在生长过程中的碳、氮等温室气体排放情况进行定量计算,同时得到其空间分布情况,从而对规模化发展能源植物的净能量生产及其减排效益进行准确评估。LCA 提供了一个用于评估能源消耗和温室气体排放的整体框架,包括能源作物种植、收获、生产、产品使用和后处理过程。同时,生态系统/生物地球化学过程模型可以用来模拟大气—植被(能源作物)—土壤系统中的能源、水和碳通量与储量。虽然近年来已取得明显进展,但在当前的研究中仍存在一些问题有待解决。

(1)关键参数率定与本地化

在一些得出"温室气体减排效率高"结论的模型中,关键参数(如生物量、土壤碳等)均来自俄勒冈州的美国国家实验室的参考值,在整个研究区采用相同的值,没有考虑不同自然/社会条件下的变化情况。Qin 等[108]和 Gelfand 等[109]使用的模型包含了地理和社会条件,提供了很好的例子。陆地生态模型(Terrestrial Ecosystem Model,TEM)是一个基于过程的全球尺度生态系统模型,被用于估算中国柳枝稷和芒草的碳通量和碳汇大小。对于每种作物,都对 TEM 模型做了校正,一些生物地球化学过程中的速度限制因子由参数化获得[108]。关于过程模型的参数化的更多详细信息也在 Gelfand 等的研究[109]中有描述。为了得到合格和可靠的结果,在进一步的研究中需要更加注重关键参数和敏感性分析的本地化。

(2)获得空间上的精确估计

温室气体总减排潜力并不是简单的各个格网的数值加和,每个格网之间存在相互影响和相互作用。例如,Biome-BGC 研究团队最近提出了一个新的模型区域水文和生态仿真系统——RHESSys(Regional Hydrological and Ecological Simulation System),将陆地生态系统过程模型 Biome-BGC 与空间直观气象信息和 TOPMODEL 水文模型对不同景观的碳、水和氮动态过程进行空间和时间上的预测[110]。Xu 等建议开发了一种基于 LCA 分析框架的空间直观模型以改善生物能源系统的环境可持续性[111]。因此,基于过程的空间直观生物地球化学模型对于能源植物生长过程中碳、氮和温室气体排放的总量及其空间分布的获取具有重要的作用。利用这些模型,大规模发展能源植物的温室气体减排效率的估算就会更加精确。

(3)管理系统效果评估

现存的许多模型中都忽略了管理系统的效率问题。然而由黑土研究及推广中心和美国农业部草原、土壤和水实验室提供的环境政策综合气候模型 EPIC(Environmental Policy Integrated Climate)能够预测土壤、水分、养分和害虫方面管理决策效果[112]。Gelfand 等实现了一种基于 EPIC 模型的空间直观一体化模型框架来模拟美国中北部地区横跨 10 个州的边际土地上种植多年生品种的产量[109]。国际应用系统分析研究所(The International Institute for Applied Systems Analysis,IIASA)利用 EPIC 模型准确地模拟了过去几百年农业生产条件和实践,为预测未来全球变化发展趋势提供了一个很好的基础[113]。因此,在今后的研究中应该更加重视能源植物种植的管理系统和实践。

第3章　水土资源要素遥感高精度识别与分析

　　根据我国可再生能源的相关政策与社会可持续发展要求,宜能边际土地是指以发展生物质能为目的,适宜于开垦种植能源作物的天然草地、疏林地、灌木林地和未利用地。其中,未利用地是指目前还未利用的荒草地、盐碱地、沙荒地、裸土地、滩涂等[17]。但宜能边际土地不包括如天然林保护区、自然保护区、野生动植物保护区、水源林保护区、水土保持区、防护林区等保护区的疏林地、灌木林地。宜能边际土地自然条件较差,如果开发为耕地,即便是土地的粮食生产能力得到最佳利用,其经济生产能力仍逐渐消失,但这些边际土地虽然暂时不宜开垦为农田,但还能产生一定生物量,有一定生产潜力和开发价值,可以种植某些适应性强的、抗逆性强的高效能源植物。识别宜能土地资源的空间分布及其总量是分析能源植物发展潜力的基础和关键[114]。

　　我国有大量荒山、荒坡、荒沙和盐碱地等边际土地,不适宜粮食生产但适宜种植耐贫瘠和高抗逆性能源作物。根据我国第七次森林资源清查数据表明,目前我国有宜林荒山荒地面积 0.57 亿 hm²、宜林沙荒地 0.54 亿 hm² 左右、相当数量的坡度 25° 以上的陡坡耕地和未利用地。我国宜林荒山荒地总面积最多的省份是内蒙古,其次是云南省、陕西省和四川省。宜林沙荒地面积最多的省份为内蒙古,其次是云南省、四川省和山西省[8]。虽然内蒙古的宜能土地总量最大,但该地区温度偏低且降水较少,只能种植耐寒、耐旱型能源植物,而且受到灌溉水源限制,开发难度较大。云南省和四川省位于我国西南部,雨水充沛,日照充足,很适宜能源作物生长。陕西和山西位于我国中部地区,是黄连木能源作物野生林的分布区。此外,我国还有中轻度盐碱地、干旱半干旱沙地,以及矿山、油田复垦地等不适宜农耕的边际土地近 1 亿 hm²。

　　植物的生长必须依靠光、水、热、土等自然属性条件,能源植物的生长与开发利用也同样受限于这些自然条件。因此,能源植物发展潜力评价,首先要获取边际土地资源数量和质量的空间分布状况,其次要依据能源植物生长对土壤、气候、水分、地形等因子,分析我国适宜能源植物生长的土地类型与资源分布状况;最后,根据能源作物发展必须遵循"不与粮争地"等原则,结合国家相关法规及适宜生物能源作物发展的土地资源自身的特点,对自然保护区等土地类型予以扣除。

3.1　边际土地资源遥感识别

　　宜能边际土地的时空分布是评价能源植物发展潜力的重要数据基础。从应用需求来说,边际土地的识别可以分为区域、全国和洲际尺度。不同尺度的基本方法相似,但在数据源原则和时空分辨率的要求上有所差异。

3.1.1　区域尺度边际土地资源遥感高精度识别技术

3.1.1.1　面向对象的边际土地遥感识别

传统的遥感影像分类方法都是基于像元的分类,即将遥感影像的像元作为分析的基本单元,没有把某类特定地物当作一个整体,而仅仅通过相同的地物光谱值来进行分类,这对于中低分辨率影像来说可以在一定程度上满足应用要求。但是在针对高分辨率遥感影像时,没有充分利用高分影像丰富的形状和纹理信息,其分类结果精度往往不能达到实际要求。针对高分影像的特点,Baatz 和 Schape 等[115]提出了面向对象分类方法,该方法是通过利用对象的空间及光谱特征对影像分割,使得同质像元组成大小不同的对象,分割对象内部的一致性及分割对象与相邻分割斑块对象的异质性均达到最大,以克服传统基于单个像元纯光谱分割方法的不足[116,117]。众多实际应用表明面向对象分类方法能够充分发挥高分影像的优势,提高分类精度。Hofmann[118]使用面向对象的分类方法识别 IKONOS 影像中的非正式居民地,得到较好的效果并具有较高的精度。Whiteside 等[119]利用基于像元的分类方法和面向对象分类方法在澳大利亚北部地区进行土地利用分类比较,结果表明面向对象分类方法精度更高。曹凯等[120]以南京市部分主城区为研究对象,利用面向对象分类方法提取 SPOT5 遥感影像中的水体信息,有效地减少了"分类椒盐现象"的产生,提高了分类精度。李成范等[121]利用面向对象方法从 Quick Bird 遥感影像中提取城市绿地,得到了高精度的提取结果。

面向对象分类方法是通过对影像进行分割,得到同质对象,再根据分类目标综合分析对象的光谱、形状、纹理等特征,进行分类和地物目标的提取[122]。面向对象分类不是基于单个的像素,而是影像分割后提取的影像对象,因此图像分割是面向对象分类的基础。影像的尺度分割有基于像元的分割方法和基于区域的分割方法,其中基于像元的分割方法包括阈值、边缘监测等,基于区域的分割方法包括区域生长、区域分裂与合并。基于像元的方法虽然简单、迅速,但是很大程度上依赖于目标区域的灰度值,灰度值如果不明显,很难准确分割,且忽略了影像的纹理、形状等其他信息,很容易受到噪声的影响;基于区域的分割方法抗噪能力强,能够得到较为准确的分割结果,但是开销较大,还需要进一步的研究。近年来越来越多的学者致力于多尺度分割,郭健聪等[123]结合了扩展的数学形态学梯度和基于动态范围的灰度图像层次分割两种方法,提出适用于多光谱图像的层次分割方法。蔡华杰和田金文[124]利用 AMS 算法对遥感影像进行自动聚类,再基于光谱和形状异质性进行合并得到了较好的分割结果。对于影像分割运用最多的方法是多尺度分割[115,126],Laliberte 等[125]利用多尺度分割算法分割 Quick-Bird 遥感影像,得到很满意的分类结果。黄慧萍等[127]采用面向对象的多尺度影像分割方法从 IKONOS 高分辨率遥感影像中提取大庆市城市绿地覆盖信息,总精度达 92.11%。田新光[128]采用多尺度分割和面向对象分类方法很好地提取了海岸带红树林信息。

对于影像分割后的遥感影像信息提取多采用人工建立类层次结构、选择合适的对象特征进行信息提取,如 Renaud Mathieu 等[129]在 2 个类层次上利用光谱均值等从 IKONOS 遥感影像中提取了大规模的植被信息。黄瑾[130]在四川省松潘县土地利用信息的提取中在 3 个类层次结构上选取 NDVI、均值等特征,取得了较好的结果,并且与传统的分类方法进行了比较,证明了该方法分类效率更高。孙晓霞[131]首先选择均值特征进行初次分类,将比较大的河流与道路分类,再次利用长宽比作为特征函数进行模糊逻辑分类,修正初次分类中的错误目标,经过两次分类利用均值和长宽比特征值准确地从 IKONOS 全色影像中提取了河流和道路。李敏等[132]采用影像紧致度、纹理、亮度、长宽比四个特征从 IKONOS 影像中提取的耕地信息比传统的信息提取方法更为准确。侯伟等[133]采用纹理信息、亮度值、面积等特征值提取实现了居民点信息的提取。

面向对象的遥感影像分类方法是随着遥感影像分辨率的提高而产生的。针对高分辨率遥感影像,面向对象的分类方法充分利用了高分辨率遥感影像丰富的空间信息,弥补传统的基于像素统计特征分类方法的不足,极大地提高了高分辨率遥感影像自动识别的精度,在遥感影像分类中具有巨大的潜力。因此,随着国内外高分辨率卫星数据源的不断丰富、成本逐渐下降,采用面向对象的方法,基于高分辨率影像识别宜能边际土地,已成为区域尺度能源植物发展潜力评估的主要保障。

3.1.1.2 边际土地资源高分辨率遥感识别

利用面向对象分类方法对高分遥感影像进行分类,其技术流程如图 3-1 所示,首先对高分遥感影像进行预处理,主要包括全色影像与多光谱影像矫正、配准、数据融合、裁剪、直方图均衡化及影像光谱增强等处理,然后采用多尺度分割算法对高分遥感影像进行分割,生成由特征信息类似的像元组成的大小不同的影像分割对象,对于分割后的影像进行光谱、纹理、形状特征分析,应用基于规则的土地利用分类算法获得每种地类分类样本分割对象的特征信息,以每个分割对象作为分类的基本单元计算相应的特征,建立合适的规则集,从而实现高分遥感影像的土地利用分类。最后,根据宜能边际土地的界定标准,提出适用于能源植物种植的土地资源及其分布信息。

（1）数据预处理

高分辨率遥感影像数据预处理主要包括高分辨率遥感影像全色与多光谱影像辐射校正、配准、数据融合、裁剪等处理,其目的是为了突出分类的对象,提高解译的效果与质量。

辐射校正:高分遥感影像需要采用卫星载荷在轨绝对辐射定标系数进行遥感影像的辐射校正,将卫星通道观测值计数值（Digital Number,DN）转换为卫星载荷入瞳处等效表观辐亮度数据[127]:

$$L_\varepsilon(\lambda_\varepsilon) = Gain \cdot DN + Bias \tag{3-1}$$

式中:$Gain$ 为定标斜率,单位为 $W \cdot m^{-2} \cdot sr^{-1} \cdot \mu m^{-1}$;$DN$ 为卫星载荷观测值;$Bias$ 为定标截距,单位为 $W \cdot m^{-2} \cdot sr^{-1} \cdot \mu m^{-1}$。

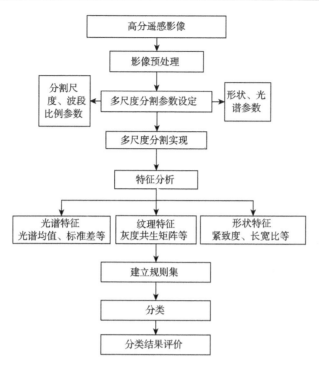

图 3-1 边际土地资源高分辨率遥感识别技术流程图

几何校正:遥感扫描输出的原始影像都存在着较为严重的几何变形,几何精校正就是利用一组地面控制点对遥感影像的几何变形进行纠正。其中控制点的选择是一个非常重要的因素,要选择在容易分辨的且目标较小的突出特征,如河流、道路的交叉点等。

数据融合:在遥感影像成像设计中,由于技术条件的限制,任何单一的遥感器的遥感数据都不能全面地反映目标对象的特征。高空间分辨率遥感影像的空间分辨率较高,但是光谱信息相对单调,而多光谱遥感影像具有丰富的光谱信息,相对来说空间分辨率较低。通过图像融合技术将低空间分辨率的多光谱影像或高光谱数据与高空间分辨率单波段影像按照一定的算法结合起来,可以提高影像的空间分辨率和光谱分辨率,互补优势,生成同时具有高空间分辨率和丰富的光谱信息的影像。常用的融合方法有 HSV 变换、Brovery 变换、Gram-Schmidt 变换、PCA 变换、Pan Sharpening 融合等。Brovey 变换[134]是基于信息特征的融合算法,将多光谱遥感影像进行色彩标准化,然后每一个波段都乘以高空间分辨率数据与彩色波段总和的比值。但影像彩色畸变比较大,亮度太低,光谱信息丢失严重。PCA 图像融合[135]首先对多光谱数据求得各主成分图像,然后将高空间分辨率图像进行对比度拉伸,代替第一主分量,将其与其他主成分进行逆变得到融合图像。该方法损失了多光谱影像中第一主成分中的一些光谱信息,使融合影像光谱畸变。Gram-Schmidt 变换[136]从多光谱遥感影像复制出一个全色波段,使其信息特征与高空间分辨率的全色影像相近,对该全色波段和波谱波段进行 Gram-Schmidt 变换,其中全色波段被作为第一个波段,调整全色影像与第一个波段进行匹配并代替第一波段,应用 Gram-Schmidt 反变得到融合影像,Gram-Schmidt 变换法能保持融合前后影像波谱信息的一致性,是一种高保真的遥感影像融合方法,时间较长;Pan Sharpening 融合[137,138]算法要求全色波段影像和多光谱影像同平台、同时间获得,该方法利用最小方差技术对影像波段灰度值进行最佳匹配,并利用此原理调整单个波段的灰度分布以减少颜色偏差。该方法不但保留了全波段影像的波谱信息,同时也增强了多波段影像的空间分辨率,光谱信息、纹理信息、形状信息特征更加丰富、突出,失真程度最小,比较适合高分辨率遥感影像。

(2)多尺度分割

在高分辨率影像处理中,影像分类是以影像分割的结果为基础的,因此良好的分割效果是提高分类精度的前提。传统分割与分类方法较多[139,140],但单尺度分割只能用单一的阈值对影像分割,阈值尺度大时,斑块数目少,精度低,阈值尺度较小时,破碎斑块数目较多,分割耗时长,但分类精度高;且主要集中在单种子点区域生长、分水岭、Sobel 算子、Canny 算子等算法[139,141],单独使用区域生长,结果不甚理想、边界提取较少,且由于噪声的影响,存在"边界椒盐、过分和错分"现象;而将区域生长算法与 Sobel 或分水岭算法相结合,不仅可以解决"边界椒盐"及"边界过分和错分"现象,而且可以减少噪声的影像,分割效果好[142-145]。因此,在实际应用时应当针对影像空间分辨率和分类要求,克服单独使用区域生长算法或边缘检测算法存在的上述问题。

如图3-2所示,多尺度分割采用异质性最小的区域合并算法,是自下而上基于区域生长合并的分割方法[145,146],在分割过程中相邻的相似像元被合并成一个不规则多边形对象,因此对象的异质性 f(异质性)是不断增长的,要确保合并后的对象的异质性小于设定好的一致性阈值。因为分割时相邻对象是成对的生长合并的,所以要合并的对象应该是相互对应并且是异质性最小的。

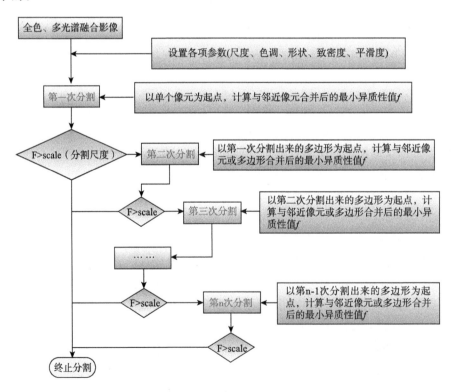

图 3-2　多尺度分割流程图

异质性最小区域合并方法的基本思想就是将影像中相邻的类似像元集合起来构成区域多边形,先在遥感影像中找一个像元作为种子进行生长合并,这个种子像元是整个遥感影像分割的起点,然后计算种子像元的所有相邻像元是否和种子像元相似或相同,选择和种子像元最为相似或相同的相似像元,接着计算该相似像元的相邻像元,寻找到和该相似像元最为相似或相同的像元,判断是否为种子像元,即判断种子像元和该相似像元是否为相互异质性最小的一对像元,如果是,则和种子像元合并。

在第一次分割时,以单个像元为起点,寻找相邻对象合并后异质性最小的像元,如果找到的像元的相邻像元中合并后异质性最小的像元为该像元,异质性小于设定的阈值,则合并这两个像元,否则就以找的像元为起点再次寻找,直至找到可以合并的像元。如果最小的异质性小于设定的阈值,则进行第二次分割。循环进行,当最小的异质性值大于阈值时,则停止分割[145,147]。

如图 3-3 所示,多尺度分割算法中需要设置的参数包括波段的权重因子、异质性因子和分割尺度。波段权重是指影像中各个波段在分割中信息量的贡献,若在影像分割过程中,使用该波段的信息越多,则该波段的贡献越大,设置的该波段的权重也就应该越大;反之,在影像分割过程中,使用该波段的信息越少,则该波段的贡献越小,设置的该波段的权重也就应该越小。异质性因子包括光谱因子和形状因子,两个因子的和为 1,因此两个因子的设置要均衡。光谱因子是影像分割的主要因子,影像主要依靠像元的光谱值来进行分割,应该尽可能地利用光谱信息,因此光谱因子应该尽可能设置得较大。形状因子起辅助作用,防止分割的对象过于破碎,但是形状因子不可以设置得太高,如果设置太高,会导致光谱因子过低,损失过多的光谱信息,也不会得到好的影像分割结果。形状因子是由平滑度因子和紧致度因子构成的,平滑度因子是用来平滑影像对象的边界的,以此来避免影响对象的边界呈锯齿状。紧致度用来区分影像中紧致和不紧致的对象,通过聚集度来优化影像分割对象。

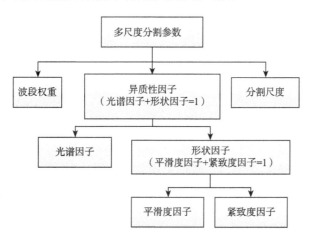

图 3-3　多尺度分割参数构成图

传统的分割主要是基于光谱,没有考虑到空间信息,会导致分割后的影像比较破碎。因此在多尺度分割算法中结合考虑了光谱异质性(光谱因子)和形状异质性(形状因子)。遥感影像对象的异质性主要有光谱异质性、形状异质性、光谱权重和形状权重 4 个变量组成,其中光谱异质性是有标准方差和权重计算的,形状异质性是由光滑度异质性和紧致度异质性组成的。

异质性 f 通过合并后对象的光谱异质性和形状异质性的加权值计算(式 3-2),其中光谱异质性和形状异质性的权重和为 1[129]。

$$f = w_1 \cdot h_{color} + (1 - w_1) \cdot h_{shape} \tag{3-2}$$

式中:h_{color} 为光谱异质性,h_{shape} 为形状异质性,w_1 为光谱异质性权重。

光谱异质性由对象像元的光谱值计算[145]:

$$h_{color} = \sum_1^c w_c \cdot (n_m \cdot \sigma_m - (n_1 \cdot \sigma_1 + n_2 \cdot \sigma_2)) \tag{3-3}$$

式中:c 为影像的波段数,w_c 为影像中各波段的权重,n_m 为合并后对象的像元个数,σ_m 为合并后对象的标准方差,n_1、n_2 为合并前两个相邻对象的像元个数,σ_1、σ_2 为合并前两个相邻对象的标准方差。

形状异质性由对象的形状计算[145]:

$$h_{shape} = w_2 + h_{com} + (1 - w_2) \cdot h_{smooth} \tag{3-4}$$

式中:w_2 为紧致度的权重,h_{com} 为紧致度异质性,h_{smooth} 为光滑度异质性。

紧致度异质性 h_{com} 可以由式 3-5 计算[50]:

$$h_{com} = \sqrt{n_m} \cdot E_m - (\sqrt{n_1} \cdot E_1 + \sqrt{n_2} \cdot E_2) \tag{3-5}$$

式中:n_m 为合并后对象的像元个数,n_1、n_2 为合并前两个相邻对象的像元个数,E_m 为合并后对象区域的实际边界长度,E_1、E_2 为合并前两个相邻对象区域的实际边界长度。

光滑度异质性 h_{smooth} 可以由式 3-6 计算[148]:

$$h_{smooth} = n_m \cdot \frac{E_m}{L_m} - \left(n_1 \cdot \frac{E_1}{L_1} + n_2 \cdot \frac{E_2}{L_2}\right) \tag{3-6}$$

式中:n_m 为合并后对象的像元个数,n_1、n_2 为合并前两个相邻对象的像元个数,E_m 为合并后对象区域的实际边界长度,E_1、E_2 为合并前两个相邻对象区域的实际边界长度,L_m 为包含合并后影像区域范围的矩形边界长度,L_1、L_2 为包含合并前影像区域范围的两个矩形边界长度。

(3)特征选择

在遥感影像分割后,影像的单元变成了同质像元组成的不规则多边形对象。根据地物类型,影像分割对象的分类方法一般采用最邻近分类和成员函数法分类。最邻近分类方法是利用训练样本对象来选择对象特征,与传统的监督分类相似,选择训练区作为样本对象,统计样本对象的各地类训练样本的特征,以这个特征为中心,计算各未分类的对象的用于分类的特征与特征中心的距离,如果距离样本类的特征中心最近,则被分到那个类别[149]。当地物特征不明显,无法描述其特征空间时,适合使用最邻近距离法。成员函数法分类方法是通过影像对象本身及对象间的特征属性,计算隶属度函数,获得相应区域特征的模糊化值,建立规则模型来进行影像分类,选择特征时应当选择待分类类别最显著的特征加入规则库,而且不能加入太多,过多的规则会影响分类精度[150]。本书采用的基于规则的分类方法,综合分析影像各类地物信息,并且对各种信息进行组合,建立规则集,实现对影像的分类。

遥感影像的对象特征是面向对象分类的必要因素,对象的特征包括三种:光谱特征、形状特征、纹理特征。光谱特征包括均值、灰度比值、标准差等;形状特征包括面积、长宽比等;纹理特征包括灰度共生矩阵方差等。

- 光谱特征指标

光谱特征描述影像对象的光谱信息,与对象的像素值有关。常用的光谱特征指标包括影像对象特征的均值、亮度值、方差、标准差等[147,149,150]。

均值[147,149,150]:

$$\overline{C}_k(v) = \frac{1}{N} \sum_{(x,y,k) \in v} C_k(x,y,k) \tag{3-7}$$

式中:N 为对象 v 中像元的个数,k 为图层(1,2,3,4),$C_k(x,y,k)$ 为 k 图层的(x,y)像元值。

亮度值[147,149,150]:

$$\overline{C}(v) = \frac{1}{w^b} \sum_{k=1}^{k} w_k^b \overline{C}_k(v) \tag{3-8}$$

式中:w^b 是所有图层亮度值权重的和,w_k^b 是图层 k 的权重,$\overline{C}_k(v)$ 是对象 v 的 k 图层强度平均值。

任两个图层平均值差的最大值为:

$$d(v) = \frac{\max_{i,j \in k} |\overline{C}_i(v) - \overline{C}_j(v)|}{\overline{C}(v)} \tag{3-9}$$

式中:$\overline{C}_i(v)$ 是 i 图层强度平均值,$\overline{C}_j(v)$ 是 j 图层强度平均值,$\overline{C}(v)$ 是对象 v 的亮度平均值。

标准差[147,149,150]:

$$\sigma_k = \sqrt{\frac{1}{N} \sum_{(x,y,k) \in v} (C_k(x,y,k) - \overline{C}_k(v))^2} \tag{3-10}$$

式中:$C_k(x,y,k)$ 为 k 图层的(x,y)像元值,$\overline{C}_k(v)$ 是对象 v 的 k 图层强度平均值,N 为对象 v 中像元的个数。

贡献率[147,149,150]:

$$R_k = \frac{\overline{C}_k(v)}{\sum_{k=1}^{n} w_k^b \overline{C}_k(v)} \tag{3-11}$$

式中:w_k^b 是图层 k 的权重,$\overline{C}_k(v)$ 是对象 v 的 k 图层强度平均值。

此外,常用的光谱特征指数还有图层像素的最大值、最小值等。另外,对于光学遥感数据,可以利用不同地物光谱吸收、反射的差异,构建各种植被指数、水分指数等。

- 形状特征指标

形状特征是描述地物本身在影像上变现出来的形状方面的信息,以及分割后影像对象的形状信息。常用的光谱特征指数包括面积、边界长、长宽比、形状指数等[147,149,150]。

面积[147,149,150]:

$$A_v = N \times u^2 \tag{3-12}$$

式中:N 为对象 v 中像元的个数,u 为像元大小。

长宽比[147,149,150]:

$$\gamma = \frac{l}{w} = \frac{a^2 + ((1-f) \times b)^2}{A_v} \tag{3-13}$$

式中：协方差矩阵为 $\boldsymbol{S} = \begin{bmatrix} \mathrm{Var}(X) & \mathrm{Cov}(XY) \\ \mathrm{Cov}(XY) & \mathrm{Var}(Y) \end{bmatrix}$，$X$ 为对象 v 所有像元的 x 坐标，Y 为对象 v 所有像元的 y 坐标；边界框的长度为 a，宽度为 b，面积为 $a \cdot b$；f 为填充度，即对象 v 面积 A_v 除以边界框的总面积 $a \cdot b$。

长度[147,149,150]：

长度使用边界框近似中计算得到的长宽比来计算，即：

$$l_v = \sqrt{A_v \cdot \gamma} \tag{3-14}$$

宽度[147,149,150]：

宽度也使用边界框近似中计算得到的长宽比来计算，即：

$$w_v = \sqrt{\frac{A_v}{\gamma}} \tag{3-15}$$

边界长度[147,149,150]：

$$b_v = b_o + b_i \tag{3-16}$$

式中：b_o 为对象外部边界，b_i 为内部边界。

不对称性[147,149,150]：

$$As = \frac{\sqrt{\frac{1}{4}(\mathrm{Var}(X) + \mathrm{Var}(Y))^2 + (\mathrm{Var}(XY))^2 - \mathrm{Var}(X) \cdot \mathrm{Var}(Y)}}{\mathrm{Var}(X) + \mathrm{Var}(Y)} \tag{3-17}$$

对象越长，它的不对称性越高。对于一个影像对象来说，可近似为一个椭圆。不对称性可表示为椭圆的短轴和长轴的长度比。随着不对称性的增加而特征值增加。

边界指数[147,149,150]：

$$BI = \frac{b_v}{2(l_v + w_v)} \tag{3-18}$$

式中：b_v 是对象 v 的边界长度，l_v 是对象 v 的长度，w_v 是对象 v 的宽度。该指数描述了影像对象边界不规则性，边界越表现为锯齿状，边界指数也就越高。

形状指数[147,149,150]：

$$SI = \frac{b_v}{4\sqrt{A_v}} \tag{3-19}$$

式中：b_v 是对象 v 的边界长度，A_v 为对象 v 的面积。该指数描述影像对象边界的平滑度，影像对象边界越平滑，形状指数越低。

紧致度[147,149,150]：

$$Com = \frac{l_v \cdot w_v}{N} \tag{3-20}$$

式中：l_v 是对象 v 的长度，w_v 是对象 v 的宽度，N 为对象 v 的像元个数。

• 纹理特征指标

纹理特征是反映像素空间分布的特征，通常在局部上呈现为不规则，但是在宏观上又具有一定的规律性。纹理通常被描述为在局部窗口内影像灰度级之间的空间分布及空间互相关系。Haralick 提出的灰度共生矩阵（Gray-Level Co-occurrence Matrices，GLCM）为现在最常用的一种纹理统计分析方法[151]。灰度共生矩阵是表示对象中像素灰度级出现频率空间分布的矩阵，在不同的空间方向存在着不同的灰度共生矩阵，共有四个方向（0°、45°、90°、135°）是常用的方向。遍历影像对象像元并且将像素值出现的次数放到 256×256 的矩阵中，其中像元值和邻居像素值作为行列号，像素值取特定图层的像素值或者所有层的平均值。然后标准化该矩阵（该对像素值出现的次数/所有像素值出现的次数），所以灰度共生矩阵中的值在 0～1 范围内。标准的灰度共生矩阵是对称的，对角线上的值表示灰度级相同的像素对出现的频率，离着对角线越远，说明该对像素的灰度级相差越大。如图 3-4 所示为 0°方向的灰度共生矩阵。

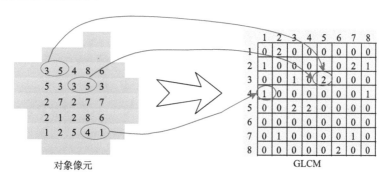

图 3-4　灰度共生矩阵生成示意图

灰度共生矩阵提供了影像灰度方向、间隔和变化幅度的信息，但是它并不能直接提供区别纹理的特性，因此需要在灰度共生矩阵的基础上提取用来定量描述纹理特征的统计属性。Haralick 定义了 14 种纹理特征[151]。常用的用于提取遥感影像中的纹理信息的特征统计量主要有：同质性（Homogeneity）、对比度（Contrast）、非相似性（Dissimilarity）、熵（Entropy）、均值（Mean）、方差（Variance）、角二阶矩（Angular Second Moment）、相关性（Correlation）等，下面分别介绍各特征的计算公式（公式中 i 是指所在矩阵中的行数，j 是指所在矩阵中的列数，$V_{i,j}$ 是指矩阵第 i 行第 j 列的值，$P_{i,j}$ 指矩阵标准化后第 i 行第 j 列的值，N 是行或列的总数）。

灰度共生矩阵同质性（GLCM_Homogeneity）：是影像对象灰度均匀性的度量，如果图像局部的灰度均匀，同质性取值越大[143,151,152]：

$$\text{GLCM\_Hom} = \sum_{i,j=0}^{N-1} \frac{P_{i,j}}{1+(i-1)^2} \tag{3-21}$$

灰度共生矩阵对比度（GLCM_Contrast）：反映图像中影像对象灰度变化总量，在图像对象中，像元的灰度级相差越大，对象的对比度就越大，对象的视觉效果越清晰[143,151]：

$$\text{GLCM\_Con} = \sum_{i,j=0}^{N-1} P_{i,j}(i-j)^2 \tag{3-22}$$

灰度共生矩阵非相似性（GLCM_Dissimilarity）：与对比度相似，但是呈线性增长。影像对象的对比度越高，非相似度越高[143,151]：

$$GLCM\_Dis = \sum_{i,j=0}^{N-1} P_{i,j} \,|\, i - j\,| \tag{3-23}$$

灰度共生矩阵均值（GLCM_Mean）：指的是影像对象的纹理的规则程度，纹理越杂乱无章，毫无规则性，值就越小；相反，越有规律，值就越大[143,151]：

$$GLCM\_Mean = \sum_{i,j=0}^{N-1} P_{i,j} \cdot i \tag{3-24}$$

灰度共生矩阵方差（GLCM_Variance）：反映影像对象像元值与均值变差的度量，当影响对象中灰度变化越大，方差越大[143,151]：

$$GLCM\_Var = \sum_{i,j=0}^{N-1} P_{i,j} \cdot (i - mean)^2 \tag{3-25}$$

灰度共生矩阵熵（GLCM_Entropy）：描述影像对象所有的信息量的度量，是测量灰度级分布的随机性的特征参数，表达了影像对象中纹理的复杂程度。纹理越复杂，值越大；反之，纹理越均匀，值越小[143,151]：

$$GLCM\_Var = \sum_{i,j=0}^{N-1} P_{i,j} \cdot (-\ln P_{i,j}) \tag{3-26}$$

灰度共生矩阵角二阶矩（GLCM_Angular Second Moment）：影像对象灰度分布均匀性的度量。当灰度共生矩阵中的元素分布比较集中于主对角线附近时，说明影像对象灰度分布均匀，该值相应较大；相反，如果共生矩阵的所有值均相等，则该值较小[143,151]：

$$GLCM\_ASM = \sum_{i,j=0}^{N-1} P_{i,j}^2 \tag{3-27}$$

灰度共生矩阵相关性（GLCM_Correlation）：描述灰度共生矩阵行或列元素之间的相似程度，反映某种灰度值沿某方向的延伸长度，若延伸越长，相关性越大[143,151]：

$$GLCM\_Cor = \sum_{i,j=0}^{N-1} \frac{(i - mean) \cdot (j - mean) \cdot P_{i,j}^2}{Var} \tag{3-28}$$

除了以上特征指标之外，还可引入辅助数据进行分类，如 NDVI 数据、DEM 数据、波段均值等。

（4）边际土地分类

多层次网络结构分类方法是一种建立在先验知识基础上的分层次处理结构[153]。该方法利用总结的特征提取指数及分割后所得对象的形状、语义等特征作为建立决策树所描述的多项判断准则，对影像中各对象进行逐层识别和归类，逐步将待提取目标从地物中分离出来，避免此目标对其他目标提取时造成的干扰和影响，通过若干次中间判别最终将所有数据图层复合以实现图像的自动分类。即通过一组独立变量，将一个复杂数据集逐步分解为更纯、更同质的子集的过程。其基本思想是通过一些判断条件对原始数据集逐步进行二分和细化，其中，每一个分叉点代表一个决策判断条件，每个分叉点下有两个叶结点，分别代表满足和不满足条件的类别[153,154]。

假设 S 集中存在两个类，分别是类 M 和类 N，并且 x 个属于类 M 的记录和 y 个属于类 N 的记录在记录集 S 中被包括。那么，用于确定记录集 S 中某个记录属于哪个类的所有信息量为[153,154]：

$$Info(S) = Info(S_m, S_n) = -\left(\frac{x}{x+y}\log_2\frac{x}{x+y} + \frac{y}{x+y}\log_2\frac{y}{x+y}\right) \tag{3-29}$$

假设层次结构的根节点记为变量 A ，记录集 $S\{S_1, S_2, \cdots, S_k\}$ ，其中每个 $S_i\{i=1,2,\cdots,$ $k\}$ 中包括 x_i 个属于类 M 和 y_i 个属于类 N 的记录。则用于在所有的子类中分类的信息量用如下公式表示[153,154]：

$$E(A) = \sum_{i=1}^{k}\frac{x_i + y_i}{x + y}Info(S_{im}, S_{in}) \tag{3-30}$$

于是，变量 A 的信息增益 $(Gain)$ 可用下列公式表示：

$$Gain(A) = Info(S) - E(A) \tag{3-31}$$

不同的人类干扰类型根据部分指标及阈值建立决策树。图 3-5 给出了利用决策树进行地物分类的流程图。

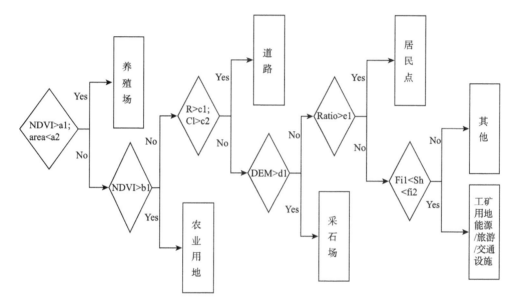

图 3-5　基于多层次网络的分类方法示意图

(其中，Cl 代表亮度值，R 代表长宽比，Sh 为形状指数，对形状指数设置不同的范围阈值，

获得工矿用地、能源/旅游/交通设施)

有些地物类型较相似，自动分类时难免出现"错分"的现象，此时需人工干预调整阈值，或直接根据人类活动的拓扑位置对"错分"的斑块进行修改。

(5)分类后处理

由于"异物同谱"和"同物异谱"的现象及遥感图像本身的空间分辨率的原因，会导致分类结果出现一些面积很小的图斑，斑块较为零碎，产生一些孤立点、断点等，这与实际现象不符，影响结果精度。为此，需要人工干预提高分类精度。

分割完成后，根据结果调整分割尺度或分割参数或在分割结果的基础上直接进行更改；分类完成后，可进行阈值的调整或直接在分类结果的基础上删除破碎点或归并同类地物。将人工干预与面向对象相结合，是保证地物分类精度行之有效的方法。

例如，以 SPOT5 多光谱影像为输入，采用多尺度分割算法进行影像分割，并提取影像对象的光谱信息、形状信息和纹理信息对影像对象进行分类。图 3-6 为部分原始影像和分类结果的对比。

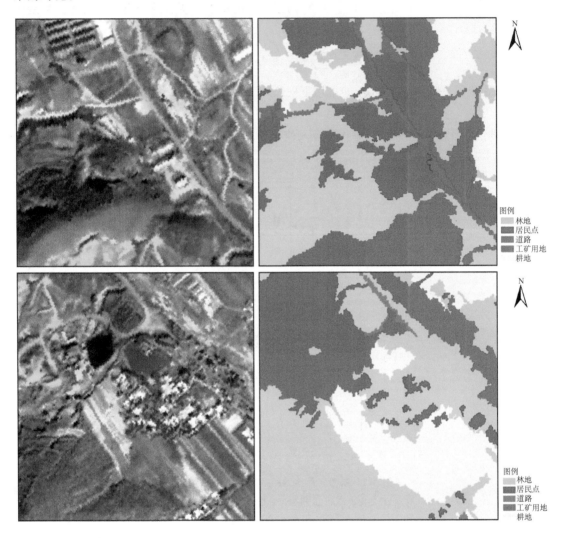

图 3-6　典型地物分类效果图

从上面分类结果和原始影像的对比图来看，大部分较为明显的道路能够很好地提取出来，只有极细的、极不明显的少量道路没有提取出来；居民点整体提取效果较好，只有少量居民点和工矿用地混淆；工矿用地呈大面积分布，得到了很好的提取结果；耕地比较整齐，提取效果不错，耕地和林地相邻边界比较模糊，所以两者交界处提取效果不是很好。

（6）精度评价

在遥感影像分类过程中精度评价是必不可少的工作，通常采用混淆矩阵法对信息提取的结果进行精度评价。混淆矩阵如表 3-1 所示。

表 3-1 混淆矩阵

	耕地	居民点	道路	工矿用地	林地	x_{+i}
耕地	138	0	6	0	18	162
居民点	0	105	0	9	0	114
道路	5	0	92	4	0	101
工矿用地	0	6	3	159	0	168
林地	15	2	4	0	106	127
x_{i+}	158	113	105	172	124	672

常用的精度指标又可分为各类别的生产者精度、用户精度和总体精度,其中生产者精度指的是样本中某一种地物类型的分类正确的个数占该地物类型总样本数的比例,用户类型指的是某一地物类型的分类正确的个数占分类得到的该地物类型总个数的比例,总体精度指的是所有地物类型分类正确的个数占所有地物类型总样本个数的比例,反映的是总体分类的正确程度。

根据混淆矩阵,可以得出各地物类型分类的分类精度及总体精度,如表 3-2 所示。

表 3-2 分类精度评价

	各地物类型分类精度评价					总体精度
	耕地	居民点	道路	工矿用地	林地	
生产者精度	87.34%	92.92%	87.62%	92.44%	85.48%	89.29%
用户精度	85.19%	92.11%	91.09%	94.64%	83.46%	

通过混淆矩阵计算得到的各类的精度可以看出,用该方法提取地物信息取得了较好效果,每一类的精度都较高,总体精度达到 89.29%。结合上面的混淆矩阵,分析各类别的生产精度和用户精度发现,耕地和林地的分类精度不是很高,由于耕地和林地的光谱特征非常接近,部分耕地的形状较为不规则,主要依靠纹理特征来分类,因此会存在一定的混淆。道路信息的提取效果也并没有很好,因为有部分道路比较细,而且在林地中间,容易受到林地的影响,另外,一些分布在工矿用地里的道路也容易被分到工矿用地中。居民点和工矿用地的提取效果较好,因为道路和工矿用地的光谱特征比较明显,居民点多为面积小的部分,工矿用地多为大面积出现,因此形状特征也较为明显,结合光谱和形状特征,很好地提取了居民点和工矿用地信息。

虽然经常用总体精度作为评价分类结果精度指标,但由于总体精度并没有充分利用整个混淆矩阵的全部信息,在精度分析全面性上尚有不足,因此可另选用 Kappa 系数对信息提取结果进行一致性评价[155,156]。Kappa 分析是一种测定两幅图之间吻合度或精度的指标,产生的评估指标被称为 KHAT 统计。KHAT 统计可以表示为[157]:

$$k_{hat} = \frac{N \sum_1^r x_{ii} - \sum_1^r x_{i+} x_{+i}}{N^2 - \sum_1^r x_{i+} x_{+i}} \tag{3-32}$$

式中:r 是误差矩阵中总列数(即总的类别数),x_{ii} 是误差矩阵中第 i 行第 i 列上像元数量(即正确分类的数目），x_{i+} 和 x_{+i} 分别是第 i 行和第 i 列的总像元数量，N 是总的用于精度评估的像元数量。

　　Kappa 值的范围应该在 0～1 之间，Kappa 值越大，说明一致性越好，当分类结果完全一致时，Kappa 值为 1。Kappa 值≥0.75 时，一致性较好，kappa 值＜0.75 时并且≥0.4，一致性一般，Kappa 值＜0.4 时，一致性差。上述示例中得到的 Kappa 系数为 0.86，说明信息提取结果符合精度要求。

3.1.2　我国宜能边际土地资源及时空变化分析

　　为了对我国能源植物规模化发展的能源效益和环境效益进行准确评估，首先必须掌握全国尺度宜能边际土地的数量和空间分布；其次，由于近 30 多年来我国社会经济发展迅速，在人口增长和城市化的影响下，边际土地的总量和分布随之发生变化。因此，为了全面了解我国宜能边际土地资源的信息，本节基于统一的、全国尺度的基础数据，对我国近年来宜能边际土地资源进行了综合分析，旨在获得我国满足能源作物种植最低条件的宜能边际土地的分布与变化情况，为能源作物的深入研究和宏观决策提供数据支持。

3.1.2.1　数据源选择与处理

　　适宜生物能源作物发展的土地资源分布及变化研究需要综合考虑自然条件、土地利用格局及国家相关政策等因素[38]，因此研究所需的数据包括基础地理数据、自然背景数据和各种政策数据等。其中，基础地理数据包括土地利用数据和 DEM 数据，自然背景数据包括气象数据和土壤数据。

　　（1）土地利用数据

　　土地利用数据来自中国科学院资源环境科学数据中心全国 1 km 土地利用遥感监测栅格数据集，该数据集包括了 6 个一级地类和 25 个二级地类。本节采用 1990 年、1995 年、2000 年和 2005 年四期的土地利用数据集。

　　（2）高程数据

　　高程数据来自全国 1∶25 万数字高程模型，并基于该数据利用 GIS 软件进行相应处理，获得全国 1 km×1 km 格网的平均坡度信息。

　　（3）气象数据

　　气象数据包括温度数据和水分条件数据，均来源于中国科学院资源环境科学数据中心格网系列数据集，其中温度数据为≥10℃积温；水分条件数据为全国年平均降水分布数据。

　　（4）土壤数据

　　根据第二次全国土壤普查（1979—1994 年）的资料《中国土壤》和《中国土种志》记录的 1627 个土种典型剖面，利用 ArcGIS 对土壤剖面进行空间化，利用 Kriging 插值算法，生成土层厚度、土壤有机质含量等空间信息。

（5）社会经济、政策数据

国家相关政策、法规等社会经济因素都会对适宜生物能源作物发展的土地资源开发利用产生重要影响。因此本节除考虑影响能源植物种植的自然条件外，还综合考虑了国家天然林保护工程、退耕还林工程、全国草原保护建设利用总体规划等相关政策，对影响适宜生物能源作物发展的土地资源总量的社会经济条件进行综合分析。

3.1.2.2　多因子综合评价方法

在对宜能边际土地进行提取时采用多因子综合评价方法，即综合考虑影响能源植物种植的气候、坡度、土壤、土地利用类型及社会经济因素，对中国适宜生物能源作物发展的土地资源进行研究。具体步骤如下。

（1）根据生物能源发展必须遵循"不与粮争地"的原则，结合国家相关法规及适宜生物能源作物发展的土地资源自身的特点，将耕地、有林地、沼泽地、水体、建设用地等土地利用类型扣除，适宜于开垦种植能源作物的土地利用类型包括灌丛、疏林地、草地、滩涂与滩地、盐碱地、裸土地 6 种类型。

（2）为防止与生态环境保护争地，凡列入国家各类保护区的土地均予以扣除。

（3）考虑到国家发展畜牧业的需求，将我国的五大牧场（青海、新疆、内蒙古、西藏、宁夏）所在省份的高、中覆盖度草地全部扣除。

（4）通过查阅已有文献并咨询相关专家，设定典型能源植物对温度、水分、坡度和土壤等条件的要求下限，对适宜生物能源作物发展的土地资源进行多因素综合评价。

宜能边际土地资源空间分布技术流程图如图 3-7 所示。

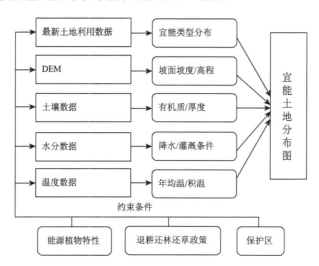

图 3-7　宜能边际土地资源空间分布技术流程图

为了使研究具有普适性，选取对环境要求较低且具有抗旱、耐寒、适应性广等特点的典型能源植物菊芋[158]生长所需自然条件作为各指标下限，进行分析、筛选，研究我国潜在适宜生物能源作物发展的土地资源的空间分布。具体指标见表 3-3。

表 3-3　中国适宜生物能源作物发展的土地资源潜力指标下限

指标名称	适宜条件
坡度条件	$<25°$
土壤有机质含量/%	>1.5
有效土层厚度/cm	$\geqslant 20$
水分条件/mm	年降水$\geqslant 160$
温度条件/℃	年积温$\geqslant 2000$

　　按照上述方法,对各类数据进行叠加分析和综合处理后,得出了 1990—2005 年四期的我国宜能边际土地分布图,如图 3-8 所示。

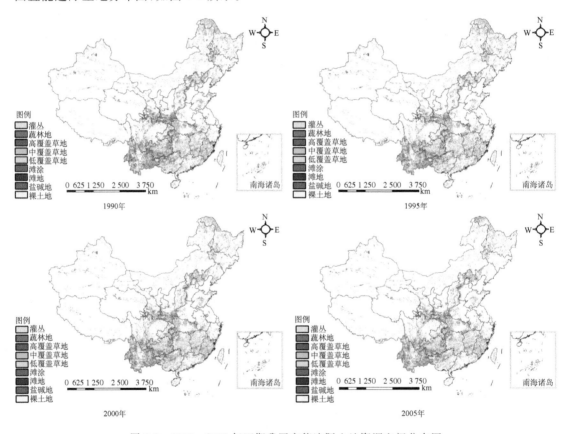

图 3-8　1990—2005 年四期我国宜能边际土地资源空间分布图

　　从图中可以看出,我国适宜生物液体燃料发展的土地资源分布非常广泛,但是宜能边际土地类型在时间和空间上存在显著的差异性。因此,下面从时间和空间的角度对我国宜能边际土地分布和变化情况进行分析。

3.1.2.3　我国宜能边际土地分布时间变化分析

　　对 1990—2005 年四期宜能边际土地总量进行分类统计,结果如表 3-4 所示。

表 3-4 1990—2005 年四期中国宜能边际土地资源量 （单位：万 hm²）

	灌丛	疏林地	高覆盖草地	中覆盖草地	低覆盖草地	滩地与滩涂	盐碱地	裸土地	总量
1990 年	3676.64	3219.74	1951.11	1977.11	2189.49	181.22	398.30	56.52	13650.10
1995 年	3678.32	3234.39	1943.87	1975.16	2191.25	181.91	402.65	56.24	13663.79
2000 年	3620.68	2920.36	2149.19	1835.43	1909.76	215.70	451.07	64.97	13167.17
2005 年	3439.04	2696.15	2160.68	1679.95	1733.77	194.65	453.12	75.67	12433.02
平均	3603.67	3017.66	2051.21	1866.91	2006.07	193.37	426.28	63.35	13228.52
百分比/%	27.24	22.81	15.51	14.11	15.16	1.46	3.22	0.48	100

表 3-4 表明，我国宜能边际土地总量非常丰富，1990—2005 年四期我国宜能边际土地总面积分别为：13650.10×10⁴ hm²、13663.79×10⁴ hm²、13167.17×10⁴ hm²、12433.02×10⁴ hm²，其组成均以草地、灌丛和疏林地为主，分别平均占总面积的 44.78%、27.24% 和 22.81%；其次为盐碱地和滩涂与滩地，分别占总面积的 3.22% 和 1.46%；可利用的裸土地的面积非常少，仅占总宜能边际土地面积的 0.48%。我国宜能边际土地面积在时间上变化比较明显，1990—1995 年，我国宜能边际土地总量增加 13.684×10⁴ hm²，1995—2000 年和 2000—2005 年，我国宜能边际土地总量均在减少，减少量分别为 496.617×10⁴ hm²、734.149×10⁴ hm²，占当年总量的 3.63% 和 5.56%。结合图 3-9，我们可以看出，宜能边际土地总面积的减少主要是由疏林地和草地（主要是中覆盖草地和低覆盖草地）减少造成的，这主要是因为 1995—2005 年期间中国城市化的进程导致城乡建设用地占用了大量的林地和草地[159]。我国 1990—2005 年四期的宜能边际土地中滩涂与滩地的变化不明显，盐碱地变化较为明显，这主要是因为土壤的盐碱化和耕地的次生盐碱化，导致了 1990—1995 年我国盐碱地的增加，随着国家的重视和盐碱地改良技术的不断发展，有效控制了土壤盐碱化速度[160]，使我国 1995—2005 年盐碱地总量基本保持不变；裸土地在 1990—1995 年明显减少，后三年没有明显变化。

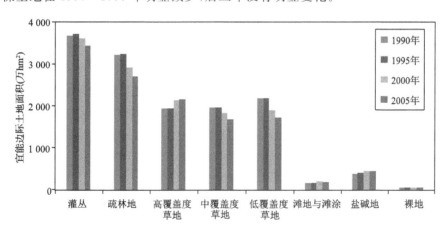

图 3-9 1990—2005 年我国宜能边际土地类型变化图

3.1.2.4　我国宜能边际土地分布空间变化分析

图 3-10 表明,我国宜能边际土地类型在空间上存在明显的差异性,内蒙古、青海、西藏等我国西北地区宜能边际土地类型比较单一,主要以低覆盖草地为主,东北地区和南部地区主要以高覆盖草地和疏林地为主,而我国东南沿海地区(如上海、山东、江苏、浙江、广东等)经济较发达,人口稠密,土地利用集约度高,各项用地以农用地和建设用地为主,宜能边际土地资源相对较少,以疏林地为主;我国中部和西南地区由于水、光和温度等条件较好,宜能边际土地类型较为丰富且成片分布;不同省份的宜能边际土地面积也存在明显的差异。进行分区统计后,得到了 1990—2005 年四期不同省份的宜能边际土地面积柱状图,如图 3-10 所示。

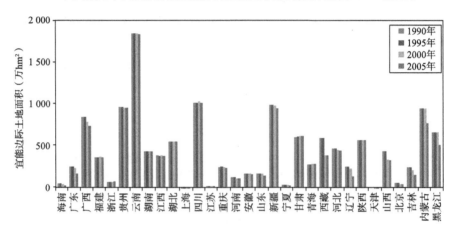

图 3-10　1990—2005 年中国各省宜能边际土地分布图

从各省的分布来看,我国宜能边际土地的区域差异悬殊,分布不均。云南的宜能边际土地面积最大,平均为 1838.17×10^4 hm^2,其次为四川(1017.10×10^4 hm^2)、新疆(975.78×10^4 hm^2)、贵州(958.46×10^4 hm^2)、内蒙古(900.72×10^4 hm^2)和广西(801.12×10^4 hm^2)。而上海和天津等地宜能边际土地面积非常少,不足 5×10^4 hm^2。结合图 3-10,可以看出我国宜能边际土地变化特征在空间上存在较高的一致性,但是局部地区也有差异,表明了宜能边际土地变化的区域动态特性。大部分省份在 1990—2005 年宜能边际土地面积和类型变化并不明显,但是,局部省份的变化比较明显,西藏在 1995—2000 年宜能边际土地面积急剧减少,减少面积为 210.75×10^4 hm^2,占 1995 年西藏宜能边际土地总面积的 35.26%,主要减少量为疏林地和中覆盖度草地。内蒙古和黑龙江的变化趋势一致,1990—2000 年宜能边际土地面积趋于不变,2000—2005 年宜能边际土地面积减少,减少量分别为 171.07×10^4 hm^2 和 154.23×10^4 hm^2,占当年宜能边际土地面积的 18.16% 和 23.25%。但是造成宜能边际土地面积减少的原因并不同,内蒙古宜能边际土地面积减少是由低覆盖草地和疏林地减少造成的,而黑龙江则是由高覆盖草地和灌丛减少造成的。

3.1.2.5　结果与讨论

由于我国生物能源发展必须遵循"不与粮争地"的原则,结合国家相关法规及适宜生物能源作物发展的土地资源自身的特点,本节选定适宜生物能源种植的土地为灌丛、草地、疏林地、滩涂与滩地、盐碱地、裸土 6 种,并结合基础地理数据、自然背景数据采用多因子综合分析方法提取我国 1990—2005 年四期的我国宜能边际土地分布,并分析了我国宜能土地在这段时间的变化情况。研究结果表明:

(1)我国宜能边际土地资源比较丰富,1990—2005 年宜能边际土地的总量分别为:13650.10×10⁴ hm²、13663.79×10⁴ hm²、13167.17×10⁴ hm²、12433.02×10⁴ hm²,其组成均以草地、灌丛和疏林地为主,分别平均占总面积的 44.78%、27.24% 和 22.81%;其次为盐碱地和滩涂与滩地,分别占总面积的 3.22% 和 1.46%;可利用的裸土地的面积非常少,仅占总宜能边际土地面积的 0.48%。

(2)我国宜能边际土地面积和类型随时间的变化比较明显,1990—1995 年,我国宜能边际土地面积增加 13.684×10⁴ hm²,1995—2000 年和 2000—2005 年,我国宜能边际土地总量均在减少,减少量分别为 496.617×10⁴ hm²、734.149×10⁴ hm²,占当年总量的 3.63% 和 5.56%,宜能边际土地面积的减少主要是由疏林地和草地(主要是中覆盖草地和低覆盖草地)减少造成的,这主要是因为 1995—2005 年期间中国城市化的进程导致城乡建设用地占用了大量的林地和草地。

(3)我国宜能边际土地变化特征在空间上存在较高的一致性,但是局部地区也有差异,大部分省份 1990—2005 年宜能边际土地面积和类型趋于不变,但是,局部省份的变化比较明显,西藏在 1995—2000 年宜能边际土地面积急剧减少,减少面积为 210.75×10⁴ hm²,内蒙古和黑龙江的变化趋势一致,1990—2000 年宜能边际土地面积趋于不变,2000—2005 年宜能边际土地面积减少。

3.1.3　亚洲宜能边际土地资源分析

目前,全世界范围内都在面临化石燃料有限并日益枯竭的现实。世界能源消耗由 2001 年的 0.77 亿桶/天增长到 2011 年的 0.88 亿桶/天。而亚洲的能源消耗占到了世界能源总消耗的 32%[5]。能源需求的迅速增长一方面造成了化石能源储量的急剧下降,另一方面,化石燃料的使用也带来了严重的环境问题。因此,能源安全与气候变化是推动可再生能源生产的两个主要驱动因子[161]。

生物质能源资源丰富并且环境友好,近年来受到世界各国越来越多的重视[3]。亚洲人口基数大,增长速度快,在能源需求与人口数量都在剧烈增长的同时,大规模的发展生物能源在亚洲是非常必要而紧迫的[162]。

很多学者在亚洲的一些国家对生物液体燃料的发展潜力做了评估。Kumar 等从原料、生产、计划目标、政策和可持续性等方面对泰国燃料乙醇和生物柴油的发展做了评估[163]。Hattori 等[15]对可以用于燃料乙醇可持续性生产的能源作物及其适宜生长的地方进行了研究。中国在生物能源的发展方面也做了大量的研究,尤其是在边际土地上的能源发展潜力[3,16,17]。本节内容突破了以往在区域尺度、一个国家尺度的研究,首次从整个亚洲尺度对适宜种植能源植物的边际土地资源进行综合评估。为了避免占用耕地,我们选择了目前研究较为广泛的能够在边际土地上大规模种植的能源作物[3,17,164-171]，以木薯、黄连木和麻风树为例，分析其在边际土地上的发展潜力。

3.1.3.1 数据与方法

首先，我们确定了亚洲适宜发展能源作物的边际土地资源。然后，选择 3 种被广泛研究的能源植物黄连木、麻风树和木薯作为生物燃料的原料。第三，对每种能源植物的环境需求进行分析，包括气候条件、土壤和地形状况。最后，利用多因子综合分析的方法，基于能源植物的生长条件及可利用的边际土地资源估算亚洲生物能源的发展潜力。具体流程见图 3-11。

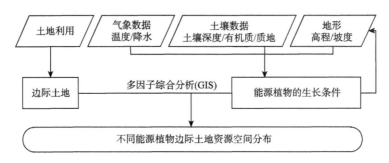

图 3-11　能源植物边际土地资源空间分布及适宜性评价

在本节中，我们利用土地覆盖类型数据、地形数据（高程和坡度）、气象数据（降水和温度）及土壤数据（土壤有机质含量、土壤厚度、土壤质地）来估算亚洲尺度 1 km 分辨率的宜能边际土地资源。数据来源及空间分辨率见表 3-5。

表 3-5　输入数据说明

	数据类别	分项描述	数据来源	空间分辨率
基础地理数据	土地覆盖本底数据	天然草地、疏林地、灌木林地、滩涂、滩地和可供利用的未利用地	ESA 2010 and UCLouvain	1 km
	DEM 数据	高程、坡度、坡向等	SRTM	90 m
	土壤数据	土层厚度、土壤质地、有机质含量、pH 值等	FAO/IIASA/ISRIC/ISS-CAS/JRC	1 km
自然背景数据	温度数据	年均温、极端最低温、极端最高温、≥10℃的积温等	WorldClim	30 arc-seconds（约 1 km）
	水分条件数据	年降水量、主要生长季降水量、Thornthwaite 指数等	WorldClim	30 arc-seconds（约 1 km）
各种文献、统计、文字资料	能源植物生物学特性数据	能源植物对温度、水分、土壤的适宜性	文献	—
	国家相关政策	退耕还林还草、全国能源林建设规划、温室气体减排计划等	文献及政策法规文件	—

（1）土地覆盖。GlobCover 2009 是一套全球土地覆盖类型数据集，包含 23 种土地覆盖类型，结合宜能边际土地的概念，本节选择该数据集中的 6 种土地覆盖类型作为适宜种植能源植物的土地，其中包括混合植被（50%～70%的草地/灌丛/林地和 20%～50%的耕

地)、稀疏植被(<15%)、混合 50%～70% 的草地/20%～50% 的林地或灌丛、闭郁到开放(>15% 阔叶或针叶或常绿或落叶林)灌丛(<5 m)、闭郁到开放(>15%)草地或有规律的洪水浸没林地或水淹土壤及裸地。以上土地覆盖类型是用于鉴定适宜生物能源发展的边际土地的基础数据集。

(2)地形。CGIAR-CSI GeoPortal 能够提供全球 SRTM 90 m 数字高程模型数据。SRTM 数字高程数据最早由 NASA 生产,是世界数字地图方向的一个重要突破,为大部分的热带雨林和世界其他发展中地区在获取高质量的高程数据方面提供了重要的发展。该数据集在地理空间科学和应用中具有重要的作用,促进了发展中世界的可持续发展和资源节约利用[172]。整个亚洲地区的 DEM 数据可以从以上数据集获取,通过空间分析功能可以从 DEM 数据计算出坡度数据集。DEM 和坡度的阈值将结合各能源植物的生长习性确定。

(3)气象数据。WorldClim 提供一套全球气象数据集,本节用到了降水和温度的 GRID 格式栅格数据,空间分辨率 30 arc-seconds,接近 1 km。该数据集是通过 1950—2000 年之前的观测数据插值而来的[173]。降水和温度是评价边际土地资源适宜性的两个重要元素,能源植物对这两个要素的需求在本书第 3.1.3.3 节"主要能源植物特征分析"部分有具体介绍。

(4)土壤数据。世界土壤数据库(Harmonized World Soil Database,HWSD)为规划农业生产可持续扩大提供健全的科学知识,为解决新出现的有关粮食生产、能源需求和对生物多样性的威胁等土地竞争问题提供政策指导。该产品的主要目标是为农业生态区划、粮食安全和气候变化影响的前瞻性研究服务,因此,选择了 1 km 的空间分辨率。生成的栅格数据结果包含 21600 行和 43200 列,有 2.21 亿个格网,覆盖了全球的陆地。在 HWSD 数据库中有 16000 种不同的土壤制图单元,链接到统一的属性数据表。该数据库使用了标准化结构,可将属性表与 GIS 进行链接以便于显示或查询土壤单元的组成和选定的土壤特征(包括有机碳含量、pH 值、蓄水量、土层深厚、土壤阳离子交换量、交换性养分总量、石灰和石膏含量、钠离子交换率、盐度、土壤质地等级和粒度)(FAO/IIASA/ISRIC/ISS-CAS/JRC 2009)。研究通过 ArcMap 的工具进一步提取能源植物生在所需的关键因子,包括土壤质地、有机质含量及土壤厚度。

3.1.3.2　边际土地识别

为了组织全国宜能边际土地资源调查,2007 年农业部从生物能源利用角度对边际土地进行了定义。能源作物边际土地是指可用于种植能源作物的冬闲田和宜能荒地。宜能荒地是指以发展生物液体燃料为目的,适宜于开垦种植能源作物的天然草地、疏林地、灌木林地和未利用地[3]。根据宜能边际土地的定义,我们选择了 6 种土地覆盖类型作为可利用种植能源植物的边际土地,以保障生物能源发展不占用耕地及其他生态保护用地的原则。各个亚洲国家可以根据自己国家的基本国情、法律、政策及环境条件等对土地覆盖类型的选择做进一步的限制。

3.1.3.3　主要能源植物特征分析

根据黄连木、麻风树、木薯的生长特征,结合宜能土地资源空间分布,对 3 种能源植物适宜及较适宜种植的土地资源进行评价。

木薯作为燃料乙醇的原材料具有以下三点优势。首先,木薯是一种热带灌丛植物,由于其根茎大,淀粉多,可以广泛生长,尤其在边际土地上。第二,木薯在亚洲的大多数国家都不是主要的粮食作物。第三,木薯很容易被粉碎,且烹调时间短、胶凝化温度低。因此,木薯是一种非常适合生产燃料乙醇的原料[18,175]。

黄连木是生产生物柴油的理想品种之一。该树种具有几项突出的特点:耐旱、耐寒、耐贫瘠,在盐、碱地上均可生长。它还具有出油率和转化率高、生产生物柴油品质好、地域分布广泛、适应性强及其经济效益循环等广泛的优势,是其他树种所不能取代的。因此,该树种被认为是生产生物柴油的重要来源[170,176]。

麻风树是一种有名的生物液体燃料来源,全球范围内已经有几个研究团队对它进行了很好的研究[164,177]。它是一种原产于墨西哥和中美洲的热带物种,但也有野生的或半耕种状态的麻风树广泛分布于拉美、非洲、印度和东南亚[178]。麻风树是不可食用的,耐干旱,多年生的植物,而且由于它只需要很少的养分来维持生长,因此能够在边际土地上种植[170,175]。麻风树还有一些其他的优势,比如酝酿周期短、对普通害虫抵抗力强、牲畜不食用,生产生物柴油的副产品也非常有用,可以作为生物肥料和甘油。麻风树种子的收获季节恰好不与 6—7 月份雨季及其他农忙活动冲突,因此,可以使人们在农闲季节创造额外的收入[179,180]。

以上 3 种能源植物的所有具体生长条件都是结合文献和专家建议确定的,如表 3-6 所示。

表 3-6　能源植物生长条件

生长条件		木薯		黄连木		麻风树	
		适宜	较适宜	适宜	较适宜	适宜	较适宜
气象数据	年均温/℃	≥21	18～21	10～15.3	5.8～10 或 15.3～28.4	≥20	17～20
	年极低温/℃	—	—	≥−15	−26.5～−15	≥2	0～2
	>10℃积温/℃	—	—	≥3800	1180～3800	—	—
	降水/mm	1000～2000	600～1000 或 2000～6000	400～1300	1300～1900	600～1000	300～600 或 1000～1300
土壤数据	土壤厚度/cm	≥75	30～75	≥60	30～60	≥75	30～75
	土壤有机质/%	≥3.5	1.5～3.5	—	—	≥3.5	1.5～3.5
	土壤质地/级	1	2	—	—	1	2
地形数据	高程/m	≤1500	1500～2000	—	—	≤500	500～1600
	坡度/°	≤15	15～25	≤15	15～25	≤15	15～25

3.1.3.4　结果与讨论

利用多因子综合评价法并结合经济社会及环境因素进行综合评价,获得亚洲地区适宜与较适宜麻风树、黄连木和木薯三种生物液体燃料作物的土地资源潜力。其中,适宜黄连木发展的土地资源为 20.3 万 km^2;适宜麻风树发展的土地资源为 1.8 万 km^2;适宜木薯发展的土地资源为 0.7 万 km^2。结果如图 3-12～3-14 所示。

从图中可以看出,黄连木适宜生长的土地资源比麻风树和木薯多。大约 70% 的亚洲国家都有 1000 km^2 以上的边际土地资源适宜种植黄连木。木薯的种植面积较少,木薯本身对土壤条件要求很低,但是需要强光,属于热带和亚热带作物,因此大多分布在南亚,如缅甸、印度尼西亚、印度及中国南部。麻风树适宜在雨量稀少的热带、亚热带及雨量稀少的其他地区种植,具有较强的耐干旱瘠薄能力。从表 3-7 中可以看出,较适宜种植木薯、黄连木和麻风树的边际土地资源分别为 112 万、214 万和 23.7 万 km^2。其中,各种能源植物适宜种植的边际土地资源中国都占有最大的份额;缅甸、土耳其和泰国分别占有第二多的木薯、黄连木和麻风树适宜种植的边际土地资源。灌丛是我们选择的土地覆盖类型中最具有种植能源植物优势的类型,占总适宜面积的 51.41%;混合植被占 34.49%,位居第二。

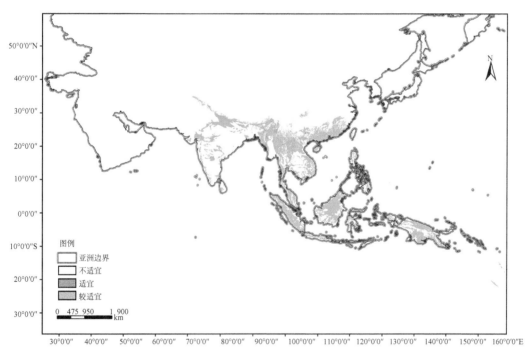

图 3-12　木薯土地适宜性空间分布

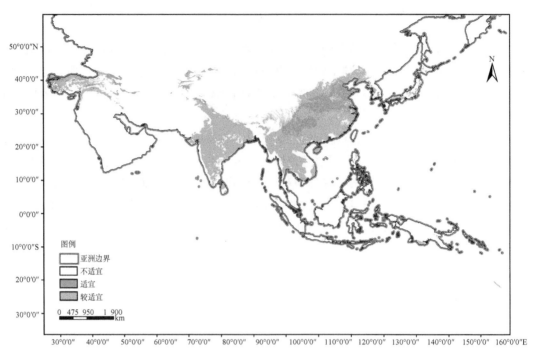

图 3-13　黄连木土地适宜性空间分布

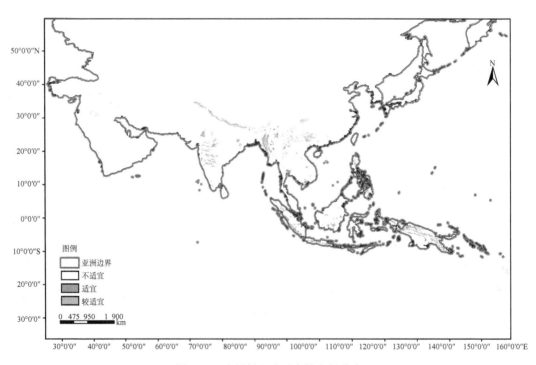

图 3-14　麻风树土地适宜性空间分布

表 3-7　亚洲木薯、黄连木、麻风树边际土地资源(km²)

土地覆盖	木薯		黄连木		麻风树		总计	
	S	M	S	M	S	M	S	M
混合植被	1422	307537	130443	769321	1	92458	131866	1169316
混合草地	4	3697	17223	73886	0	2461	17227	80044
灌丛	2089	788006	73008	942428	2	123672	75099	1854106
草本植被	6	16928	9221	89459	0	8794	9227	115181
稀疏植被	0	684	28002	180892	0	5732	28002	187308
裸土地	0	3572	7529	88703	0	4530	7529	96805
总计	3521	1120424	265426	2144689	3	237647	268950	3502760

注:S—适宜;M—较适宜。

3.2　水资源要素信息提取

地表水资源是能源植物规模化种植的重要保障。水资源保障要素是指能够为了维持能源植物规模化种植,支撑能源植物生产保证其所需的水资源要素,其主要表现为能源植物种植灌溉用水,通过蓄、引、提等工程输送给能源植物规模化种植的宜能边际土地,以满足能源植物规模化种植需水要求。能源植物规模化种植的水资源保障要素信息包括地表水体信息和能源植物生长的水分胁迫信息。地表水体(河流、湖泊、沟渠等)的空间分布、面积等信息,在土地资源识别技术基础上,可以通过利用高空间分辨率的光学遥感数据,结合微波遥感数据,建立水体要素精细提取模型,实现水域和沟渠等识别和面积信息获取等;能源植物生长的水分胁迫信息的遥感反演方法很多,包括光学、微波、高光谱等多种方法。

3.2.1　面向对象的水体要素精细提取

水体(包括水域和沟渠等)是进行能源植物规模化种植的必要条件,同时也是进行能源植物规模化种植规划的重要限制因素,因此,要实现能源植物开发利用的效益综合评价,必须对种植区域的水资源进行精确检测和评估。水体具有不同于植被和建设用地的发射、辐射光谱特征,在高空间分辨率的光学(可见光到红外等波段)遥感影像上,可以很容易进行水体目标的识别;微波具有大气衰减少的特点,因此基本上不受天气条件的限制,此外,水体的后向散射系数比较低,且相对于其他类型的地物(植被、裸土地等)均匀性显著,没有明显的相干斑纹理。因此结合水体信息微波后向散射特点,可以较好地进行水体边界的提取(图 3-15)。

在多尺度影像分割的基础上,利用对象的光谱和形状等特征,建立分类决策树,提取粗略的不同的水体类型分布候选区。通过土地利用自动识别技术提取的水体信息实现水体的分类定向,即可从区分不同水体类型,从而获得准确的水体精细分布数据和结果。

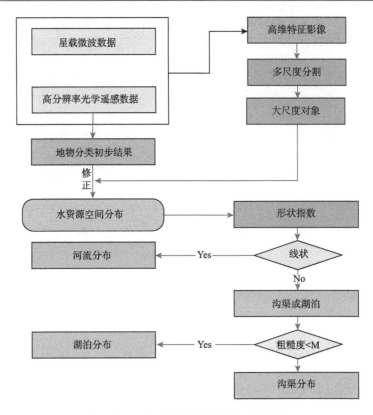

图 3-15　水体要素精细识别技术流程图

（1）高维特征影像构建

构建水体指数，计算灰度共生矩阵同质性纹理特征，和后向散射系数一起构建出 3 个波段的高维特征影像，目的在于进行多尺度分割时产生较好的分割结果。

（2）水体分布信息提取

采用基于区域生长的多尺度分割算法进行影像分割。基于区域生长的多尺度分割算法是一个启发式的最优化程序，可以应用在像素级或影像对象级范围，对于一个给定的分辨率影像，将使影像对象平均的异质性在局部得到最小化。多尺度影像分割从任一个像元开始，采用自下而上的区域合并方法形成特征基元。小的对象经过若干步骤合并成大的对象，每一对象大小的调整都必须确保合并后对象的异质性小于给定的阈值。因此，多尺度影像分割可以理解为一个局部优化过程，而异质性则是由对象的光谱和形状差异确定的，形状的异质性则由其光滑度和紧凑度来衡量。为进行水体精细提取，以高分辨率 SAR 遥感影像进行数据的提取，首先进行大尺度分割，将水体与其他土地利用类型区分开来。通过设定较大的分割尺度，对较多的像元进行合并，进而产生较大面积的对象。

通过大尺度的影像分割，能够区分出水体及其他土地利用类型，同时结合基于高分辨率光学遥感影像识别的土地利用数据和 DEM 数据进行修正，去除因为错分阴影区域为水体的空间地物，获得研究区水体空间分布数据。在此基础上，进行小尺度分割，获取研究区不同水体类型的空间分布。

（3）水体类型确定

从大尺度到小尺度对象层,根据不同目标类别的解译特征,建立简单分层分类的决策树,从简单到复杂识别出河流、湖泊、沟渠等结构类型。一般而言,由于沟渠相对于河流和湖泊具有人工的参与,沟渠边界相对光滑,因此在小尺度边界复杂度较低,而河流相对于湖泊来说属于线性空间结构特征,为此根据中小尺度分割后形成的对象形状特征能够实现河流、湖泊、沟渠等水体的区分。

1）沟渠提取。在水体区域,通过综合利用对象基元的光谱均值特征和边缘复杂度指数等特征,建立简单的知识规则即可提取沟渠水体对象。

2）河流提取。在其他水体区域进行河流提取,综合利用对象基元的光谱均值特征和形状指数等特征,建立简单的知识规则即可提取河流水体。

3）湖泊提取。在除去沟渠和湖泊等水体的对象中进行湖泊水体的精确提取,综合利用对象基元的光谱均值特征和形状指数等特征,建立简单的知识规则即可提取河流水体。

（4）水体信息提取后处理

在通过面向对象的方法提取水库、河流、沟渠的空间分布数据后,需要结合基于高分辨率影像进行水体信息提取结果的后处理,主要是利用水体与耕地的空间联系,剔除小范围内的离散对象,通过融合、溶蚀等分类处理等方法,将散布于耕地的小尺度水体对象进行重新归类和制图综合,保证水体信息的连续性,从而更加符合水域内部结构的实际空间分布。

在湖北恩施和广东佛冈两个应用示范区,基于 SPOT5 影像数据进行了应用示范区水资源保障要素信息遥感提取方法的应用,结果如图 3-16、3-17 所示。

图 3-16　佛冈县水资源保障要素信息空间分布图　　图 3-17　来凤县水资源保障要素信息空间分布图

为了比较水资源保障要素信息提取结果的空间总体精度,采用集合实测数据的目视解译方法对河流、湖泊、沟渠等水资源保障要素进行统计。表 3-8 是基于 SPOT5 数据人工解译水资源保障要素信息结果,表 3-9 是本研究所用的分类方法与人工解译结果的混淆矩阵。

表 3-8　各地类结果统计表

	河流(m)	湖泊(m²)	沟渠(m)
人工解译	50517	5419	2166
自动分类	50955	5553	1234

表 3-9　结果混淆矩阵

		关键技术方法分类结果		
		河流	湖泊	沟渠
人工解译结果	河流	49482	586	88
	湖泊	541	4760	117
	沟渠	931	205	1028

为了进一步验证水资源保障要素信息提取技术获取的水资源保障要素结果精度,采用了由 Cohen 等提出的 Kappa 分析法进行一致性分析[157]。

计算的 Kappa 系数为 0.81,体现了基于能源植物规模化种植的水资源保障要素信息提取技术获取的水资源保障要素结果与人工解译的结果具有很好的一致性,说明该算法进行基于能源植物规模化种植的水资源保障要素信息提取结果精度符合要求。

3.2.2　能源植物水分胁迫状况遥感监测

3.2.2.1　植被水分胁迫状况遥感监测方法

遥感监测植被冠层水分和土壤水分的方法研究有多年的历史,先后出现了基于光学遥感(包含基于可见光—近红外遥感的植被指数法和基于热红外遥感的热惯量方法)、微波遥感、高光谱遥感及多源遥感数据融合等不同的遥感监测方法[181,182]。基于可见光—近红外提出的植被指数法能够很好地用于土壤水分遥感监测,包括作物缺水指数法、归一化植被指数法、植被指数距平法、植被供水指数法、植被状态指数法、温度状态指数法、温度植被干旱指数法等。Jakson 等利用 NDVI 监测干旱发现只有水分胁迫严重阻碍作物生长时才引起植被指数的明显变化[183]。Kogan 提出了植被条件指数(Vegetation Condition Index,VCI)[184]。Price 用植被指数、地表温度估测区域蒸散量[185]。Nemani 等利用 NOAA AVHRR 数据的可见光与热红外波段,探讨遥感监测地面水分状况的可能性[186];Moran 等认为植被指数、地表温度和空气温度的差值构成梯形,并提出了适宜部分植被覆盖的水分亏缺指数(Water Deficit Index,WDI)[187]。作物缺水指数法、植被状态指数法、温度状态指数法在我国也得到了广泛的应用。

　　土壤热惯量是土壤的一种热特性,通过卫星遥感资料获得区域土壤温度,从而能够使用热惯量法来研究区域土壤水分。目前热惯量监测土壤水分的研究主要集中在热惯量的解析方程和表观热惯量与土壤水分的关系两个方面[188]。热惯量模型计算精度较高,简单易行,便于推广。但也存在如下局限:一是同一地区昼夜两次的晴空遥感数据获取较难;二是热惯量易受气溶胶、风速等因素影响,在实际应用中,仍需根据实际状况对模型进行必要的调整和改进;三是仅适用于裸露的土壤或植被稀疏的地区[189]。

　　微波遥感是指通过微波传感器获取从地物发射或反射的微波辐射,实现对地物的识别监测。微波遥感法包括被动微波遥感法和主动微波遥感法,微波遥感土壤水分具有坚实的物理基础。目标物的介电常数是决定地物微波比辐射率的主要因素,而土壤水分是决定土壤介电常数的主要因素。在微波波段,土壤的比辐射率从湿土的 0.6(30% 体积土壤湿度)到干土的 0.9(9% 体积土壤湿度)之间变化[183]。水的介电常数大约为 80,干土仅为 3,它们之间具有较大的反差,土壤的介电常数对土壤水分含量很敏感,国内外研究者对此进行了大量的研究和理论计算。由于微波遥感具有以上所述的几个特点,从而使微波遥感土壤水分具有比光学遥感更大的优势。

　　近年来,融合多源传感器数据进行植被水分胁迫监测已成为主要的技术手段,其中最广为应用的是温度—植被指数特征空间方法。植被指数与地面温度是描述土地覆盖特征的两个重要参数,而两种数据的合理融合,可以衍生出更丰富、清晰的地表信息,有助于更加准确、有效地认知土地覆盖/土地利用的时空变化规律[190]。研究表明,绿叶的叶面积系数(LAI)与红光反射成反比,与近红外反射成正比[191],而 NDVI 与 LAI 有很好的正相关关系,归一化植被指数 NDVI 综合了 NOAA AVHRR 对植被敏感的可见光(CH_1)和近红外(CH_2)波段反射光谱信息,是反映植物生长状态最为直接和灵敏的指标之一,是区域地表植被覆盖度与植物长势的函数[192-194]。在没有水分限制的情况下,地表温度(T_s)主要是地表蒸散的函数。蒸散包括蒸发(裸土的蒸发及植被冠层截获水分的直接蒸发)和植物的蒸腾,用于蒸散的能量(潜热能)很大程度上决定了地表的平均温度[195,196]。地表蒸散的主要影响因素是辐射能量、地表水汽、植被盖度、地表风速、表面粗糙度等。因此,T_s 与决定蒸散大小的表面阻抗(空气动力传导阻抗和冠层蒸腾阻抗)与土地覆盖状况(如植被类型和生长状况、土壤特性等)有较为密切的关系。研究表明,T_s—NDVI 的时空对应关系与土地覆盖类型有很密切的关系[197,198]。很多学者对 T_s—NDVI 特征空间中 T_s、NDVI 及地表水分状况的对应关系进行了深入的研究[194,199,200]。

　　不同的土地覆盖类型、不同的地表水分状况,在以 T_s 和 NDVI 为主轴构成的二维空间中,呈现出较好的分异规律(图 3-18)。

　　图 3-18 将土地覆盖类型大致分为裸土、植被部分覆盖和植被完全覆盖三种。在图上的裸土区,地表辐射温度与地表水分含量高度相关[201,202]。图中 A 点和 B 点分别代表干旱裸土(低 NDVI,高 T_s)和富水裸土(低 NDVI,低 T_s),随着植被盖度的增加,表面温度降低,图中点 C 代表的是植被盖度高、土壤水分含量低的情况,此时蒸散阻抗大(高 NDVI,较高 T_s),点 D 代表的是植被盖度高、土壤水分含量充足的情况,此时蒸散阻抗小(高 NDVI,低 T_s)。因此,图中的 A～C 为低蒸散线,反映的是干旱条件;B～D 为潜在的最大蒸散线,反映的是地表水分供给良好的状态[190,203]。A、B、C、D 四点代表了 T_s—NDVI 特征空间中四种极端情况,在生长季,各种类型都囊括在多边形 ABCD 圈绕的区域内,在生长季节以外,一些受地温影响的地区

（即高纬度地区），其轨迹会部分地超出该范围。

根据以上的分析结果，研究中考虑利用植被指数与地面温度的比值 $NDVI/T_S$ 来作为表征地表水分状况特别是农作物水分胁迫情况的指标。$NDVI$ 反映了植被在不同时期的生长发育情况，而 T_S 为冠层表面温度，指标 $NDVI/T_S$ 将土壤水分与作物长势结合起来，凸现了"作物可利用水分（或有效水分）"的思想。

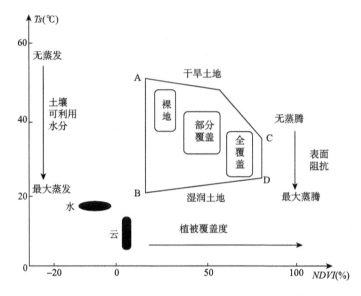

图 3-18 地面温度—植被指数特征空间[190,199,201]

在干旱、半干旱地区，植被指数、冠层表面温度与植被的水分状况三者之间有着很显著的互动关系：水分供给条件好时，作物生长迅速，长势好，NDVI 值高；此时作物的生命活动旺盛，蒸腾量大，整个像元的蒸散阻抗降低[204]，潜热能所占的比例增大，像元内的表面温度 T_S 值降低。

根据像元植被覆盖比例，可以将卫星图像的像元分为三种类型：植被全覆盖像元、裸土像元和植被土壤混合像元，对于每种像元，遥感反演出的地面温度的生态学意义各不相同：①对于植被全覆盖的像元，植物的蒸腾使冠层表面的温度低于同环境条件下的裸土的表面温度，也低于水分匮缺情况下的冠层表面温度；②对于裸土而言，土壤中含水量越大，其比热容越大，温度上升缓慢，同时水分的增加增强了表面蒸发作用，因此此地面温度低于同环境条件下含水量较低的土壤；③植被—土壤混合像元，它是裸地表面温度和植被冠层表面温度的综合温度，受以下几个主要因素影响：植土比例、植被蒸腾强度、土壤水分含量。因此，在水分对作物生长起控制作用的干旱、半干旱地区，土壤中水分含量越高，作物的水分供给越充足。则作物的生长旺盛（NDVI 值大），蒸腾作用强烈，土壤蒸发大，像元的表面温度低（T_S 值小），因此 $NDVI/T_S$ 值高，反之，$NDVI/T_S$ 值较低。因此，$NDVI/T_S$ 是一个对区域土壤水分含量和作物水分状况较为敏感的指标。

多源信息融合与信息挖掘是地球信息科学新的生长点，综合利用植被指数与地面温度数据，可以对地表过程进行更全面、更深刻、更清晰的认知，取得事半功倍的效果。

3.2.2.2　植被水分胁迫状况遥感监测的问题与趋势

(1)缺乏高分辨率、稳定的遥感数据源支持。目前陆表生态系统水分胁迫遥感监测方法包括微波遥感、光学遥感、热红外遥感方法。各种方法分别从不同的侧面探测陆表生态系统的水分含量,各有优缺点。例如,基于热辐射的光谱测量可以通过探测土壤温度和植被冠层温度之间的差异来估算土壤水分含量。这种技术已被成功用于确定区域尺度上的植被水分亏缺、水平衡及潜热通量。然而,由于土壤温度和植被冠层温度之间的差异并不仅是土壤水分的函数,同时也取决于入射太阳辐射及无法测量的非表层土壤水分含量,该方法在大尺度上的应用仍然比较复杂。近年来多种传感器数据融合与应用已逐渐成为主要的研究方法,但多为两种信息源的组合(如光学—辐射、微波—辐射等),其主要原因是受限于现有遥感平台载荷的时空和波谱分辨率。近年来全球多个国家的高分辨率系列卫星的设计和逐步实施,为陆表生态系统水分胁迫遥感监测研究提供了前所未有的契机,多信息源的综合应用将很好地解决陆表生态系统水分胁迫遥感监测的数据源问题。

(2)以"陆表生态系统"为整体进行水分胁迫监测的研究严重不足。已有的研究大多以植被或土壤等单一要素的水分状况为研究对象,在研究过程中根据研究目的,往往将其他要素进行概化,各要素之间的相互作用(能量流动和物质交换)往往忽略不计。例如,Attema 和 Ula-by 建立的基于微波遥感的水云(Water-cloud)模型,就是在估算土壤水时将植被冠层概化为该模型将辐射传输模型中的植被冠层作成水平均匀的云层,不考虑植被和土壤表层之间的多次散射,重要的变量仅为冠层高度和云密度[205,206]。其弊端有两个方面:一是单一要素只能反映生态系统的一个方面,不能回答整个陆表生态系统的水分状况问题;同时,在过分强调单一要素(如土壤水分)精度的局部最优时,利用不同概化方法得到的各参量在这个能量—水平衡方程中不能闭合。实际上,陆表生态系统水分变化取决于降水量、降水分布的状态、降水时间、气候条件和生态水层水体本身的物理化学性质、水层厚度和水体的空间分布。对于陆表生态系统水分参数的量化研究,需要采用"综合—分析—再综合"的策略,即利用遥感技术系统地将土壤和植被层的根、茎、叶等凋零物层和植被本身作为一个完整而独立的单位(或层面)来研究,确定陆表生态系统参与的水文循环(降水、蒸发、生态水、地下水、地表水、径流等)各环节水分的动态分配。

(3)缺乏系统的校验策略。陆地生态系统过程的复杂性及它在时间和空间尺度上的变异性决定了陆地生态系统生产力在区域尺度上模拟的困难性。在以遥感为手段的生态系统水分估算中,因遥感观测过程中各种因素的干扰和遥感定量表达的不确定性,使其遥感估算值与地面实测值之间不可避免地存在着一定的差距。传统的算法校验方法多采用地面实测的水分数据进行局地拟合。受地面水分观测样本数量和代表性的限制,以及遥感—地面尺度的影响,点对点的校验已经被证明并非是最合理的校验方式。因此,一方面应当进一步建立和完善地面观测体系,为模型参数和结果提供更为准确的地面验证数据;另一方面,亟须构建科学合理的校验策略,使得陆表生态系统水分遥感监测技术有效地应用于区域、全国尺度,真正满足生态环境监测的应用需求。

第4章　光温资源数据处理与分析

　　光温条件是能源植物规模化发展的重要影响因子。高时间分辨率遥感技术可以提供短周期(时、日)的光温参数反演数据,为准确把握区域光温资源条件提供了有力的支撑。然而,由于云、气溶胶、太阳高度角和地物双向性反射等的影响,造成了遥感反演的地表能量参数在时间、空间上的缺失,会严重影响陆面过程模拟的精度。时间序列数据重构的主要目的,是利用多种统计和数值分析方法,模拟参数的季节、年度变化规律,从而插补缺失观测值,优化时间序列数据,为相关研究提供更加完备的数据基础。传统的地表能量平衡参数时间序列重构的方法主要包括平均昼夜变化法、非线性回归方法、查表法、动态线性回归方法和人工神经网络方法等。

4.1　太阳辐射数据时间序列优化处理

　　静止气象卫星以每小时(或 30 min)的频率对地球表面特定区域进行观测,可以提供每天 24 h 的丰富的大气、地面反射和辐射信息,因此是大面积太阳辐射等能量参数获取的常用数据源。我国上空的静止气象卫星数据源包括:日本 GMS-5(1995—2003.5);美国 GOES-9,于 GMS-5 停止运行后挪到 155°E 处继续提供服务;Meteosat-5(欧洲),1991 年由于燃料不足而轨道倾斜;风云二号气象卫星(FY-2)是我国第一颗静止气象卫星,分两个批次进行研制和发射,即 01 批和 02 批。01 批共发射两颗卫星;1997 年 6 月发射 FY-2A;2000 年 6 月发射 FY-2B。02 批共三颗卫星,分别命名为 FY-2C、FY-2D 和 FY-2E。目前,FY-2C、FY-2D 和 FY-2E 均能提供大量连续高质量的卫星数据资料。常用静止气象卫星主要特征见表 4-1。

表 4-1　常用气象卫星及其光谱特征

卫星名称	METEOSAT(欧盟)	GMS-5(日本)	FY-2C/2D/2E(中国)
轨道	地球同步	地球同步	地球同步
高度	36000 km	36000 km	35800 km
空间分辨率	2.5 km/5 km	1.25 km/5 km	1.25 km/5 km
时间分辨率	1 h	1 h	1 h
波段数	3	4	5
波段描述	可见光/热红外/水汽	可见光/热红外/水汽	可见光/热红外/水汽

　　本章基于 2000—2002 年 GMS-5 静止气象卫星数据反演每日太阳辐射数据,并对太阳辐射的时空变化特征进行分析。

4.1.1 太阳辐射时空特征分析

4.1.1.1 时间特征分析

本章对全国 2000—2002 年 GMS-5 反演的 TIFF 格式每日平均太阳辐射数据的时间序列特征进行分析。地表太阳辐射具有明显的年际变化规律,以夏季为辐射高峰呈现近似于正态分布形式:两端低谷处为冬季(12 月、1 月和 2 月),由春季到夏季呈上升趋势,由夏季到秋季呈下降趋势。对于同一地点,经纬度相同,其变化规律主要受日常的年度周期和太阳高度角变化影响。

4.1.1.2 空间特征分析

在空间上,可获取每天全国太阳辐射的空间分布,以 2000 年为例,计算了全国年平均太阳辐射空间分布,如图 4-1 所示。

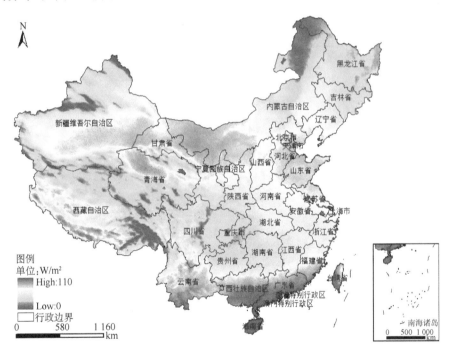

图 4-1 全国年平均太阳辐射空间分布(2000 年)

为对遥感反演太阳辐射精度进行验证,本章将全国大陆划分为东北、北部、西北、西南、高原、中部、南部和东部八个区域,该分区考虑了地理大区传统划分、各省市的经济总量和行政边界等多个因素[207]。在每个区域内选择一个气象站点,对该站点的遥感反演太阳辐射值与实地测量太阳辐射值进行相关性分析(图 4-2)。

在国内,陈渭民等通过辐射理论推导出地面观测太阳辐射与卫星测值之间的关系,也得出了在一定的大气条件下地面观测值与卫星测值之间存在线性关系的结论[208]。

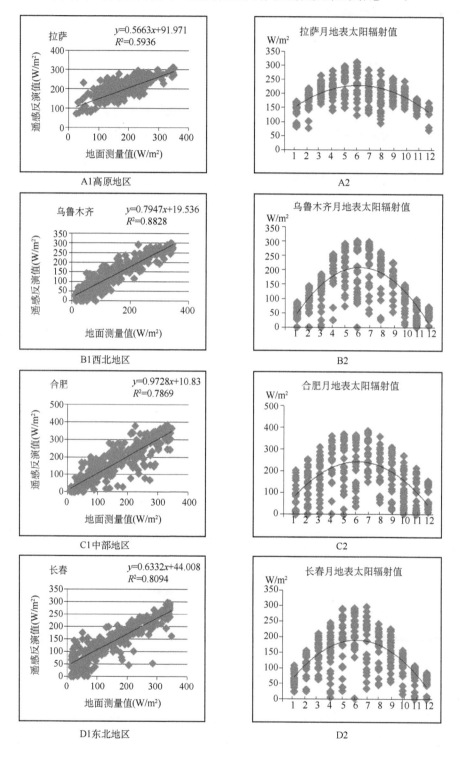

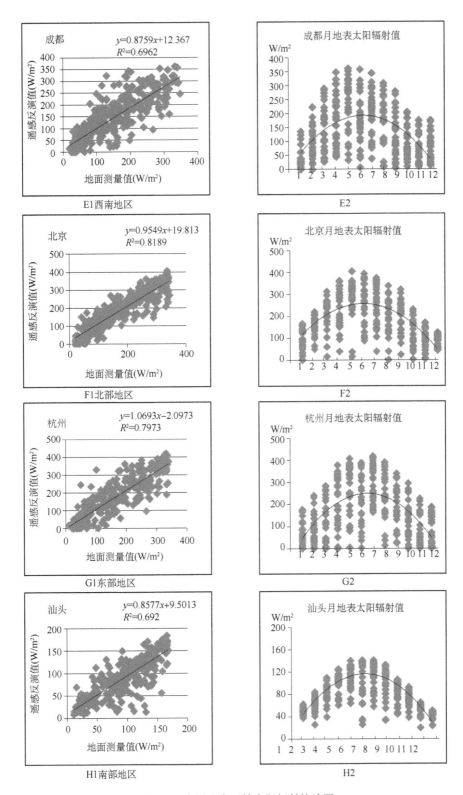

图 4-2　全国八个区域太阳辐射统计图

图 4-2 的 $A_1 \sim H_1$ 中给出了八个区域内的各站点实测太阳辐射与遥感反演太阳辐射相关关系。总体上看,各个站点的相关性均较好,能够达到且大部分高于国际上相关研究的反演精度。其中,相关系数 R 最低的辐射观测站为拉萨,为 0.770(表 4-2)。这可能与该地区复杂的地形条件有关,其中坡度、坡向及观测站周围地形情况均对太阳辐射有较大的影响。同时,太阳辐射均值的最高值也出现在拉萨地区,这是由于该地区海拔高、空气稀薄、晴天多而降雨量小造成的。太阳辐射均值(包括遥感反演太阳辐射与站点实测太阳辐射)最低的辐射站点为汕头。根据气象资料显示,2000 年汕头的日照时数仅为 1609.2 h,与同年拉萨日照时数 2672.9 h 相比少了 1063.7 h,因而,汕头地区的太阳辐射值远低于其他地区。

表 4-2　全国八个区域遥感反演与实测数据相关分析

城市	遥感反演辐射均值 (W/m²)	遥感反演标准差 (W/m²)	实测辐射均值 (W/m²)	实测标准差	相关性
拉萨	184.0600	64.7180	196.2000	47.5700	0.7700
乌鲁木齐	149.7600	98.9590	138.5420	83.6956	0.9400
合肥	166.2700	98.1840	172.5860	107.6762	0.8870
长春	146.3300	102.2070	136.6720	71.9425	0.9000
成都	166.2700	98.1840	172.5860	107.6762	0.8870
北京	176.1500	91.8670	188.0120	96.9368	0.9050
杭州	161.0600	100.8700	170.1200	120.7909	0.8930
汕头	100.6900	43.3770	95.1960	44.3798	0.8320

注:$A_1 \sim H_1$ 均在 0.01 水平(双侧)上显著相关。

4.1.2　辐射数据重构的理论与方法

针对当前数据重构方法中存在的精度不稳定、效果评价方法简单等问题,提出了一种基于数据同化的太阳辐射时间序列重构思路:以卡尔曼滤波为同化算法,不断引入局地的地面观测值对反演辐射值进行修正,最终获得一套完整的、全局最优的太阳辐射和温度时间序列数据集[210,211]。1960 年,Kalman 等针对随机过程状态估计提出卡尔曼(Kalman)滤波的思想。卡尔曼滤波的计算过程是一个不断地"预测—校正"的过程,它不要求存储大量的数据,便于实时处理。在一个滤波周期内,从卡尔曼滤波在使用系统信息和观测信息的先后次序来看,卡尔曼滤波具有两个明显的信息更新过程:时间更新过程和观测更新过程。在时间更新阶段,根据前一时刻的模式状态生成当前时刻模式状态的预报值。在观测更新阶段,引入观测数据,利用最小方差估计方法对模式状态进行重新分析。卡尔曼滤波器的算法流程如下[211,212]。

首先设定线性时变系统的离散状态方程和观测方程为:

$$\boldsymbol{X}(k) = \boldsymbol{F}(k, k-1) \cdot \boldsymbol{X}(k-1) + \boldsymbol{T}(k, k-1) \cdot \boldsymbol{U}(k-1) \tag{4-1}$$

$$\boldsymbol{Y}(k) = \boldsymbol{H}(k) \cdot \boldsymbol{X}(k) + \boldsymbol{N}(k) \tag{4-2}$$

式中:$\boldsymbol{X}(k)$ 和 $\boldsymbol{Y}(k)$ 分别是 k 时刻的状态矢量和观测矢量;$\boldsymbol{F}(k, k-1)$ 为状态转移矩阵,$\boldsymbol{U}(k)$ 为 k 时刻动态噪声,$\boldsymbol{T}(k, k-1)$ 为系统控制矩阵,$\boldsymbol{H}(k)$ 为 k 时刻观测矩阵,$\boldsymbol{N}(k)$ 为 k 时刻观测噪声。则预估计:

$$X(k)\hat{} = F(k,k-1) \cdot X(k-1) \tag{4-3}$$

计算预估计协方差矩阵：

$$C(k)\hat{} = F(k,k-1) \times C(k) \times F(k,k-1)' + T(k,k-1) \times Q(k) \times T(k,k-1)' \tag{4-4}$$

$$Q(k) = U(k) \times U(k)' \tag{4-5}$$

计算卡尔曼增益矩阵：

$$K(k) = C(k)\hat{} \times H(k)' \times [H(k) \times C(k)\hat{} \times H(k)' + R(k)]\hat{}(-1) \tag{4-6}$$

$$R(k) = N(k) \times N(k)' \tag{4-7}$$

更新估计：

$$X(k){\sim} = X(k)\hat{} + K(k) \times [Y(k) - H(k) \times X(k)\hat{}] \tag{4-8}$$

计算更新后估计协方差矩阵：

$$C(k){\sim} = [I - K(k) \times H(k)] \times C(k)\hat{} \times [I - K(k) \times H(k)]' + K(k) \times R(k) \times K(k)' \tag{4-9}$$

最后,迭代以上过程并输出结果。

卡尔曼滤波器(Kalman Filter)是一个最优化自回归数据处理算法(optimal recursive data processing algorithm),它的广泛应用已经超过 40 年,对于解决很大部分的问题,卡尔曼滤波是最优、效率最高甚至是最有用的[210]。另外,卡尔曼滤波结构清晰,过程明了易懂,执行效果较好,结果直观,能够与不同应用领域很好的结合。

4.1.3　站点尺度太阳辐射时序重构

本节以中国主要农业产区华北部分地区为例,利用该区域内太阳辐射站点的实测太阳辐射值,对气象卫星遥感反演的太阳辐射数据进行重构。该区域地处暖温带的湿润、半湿润和半干旱区,包括华北平原与鲁中东山地暖温带半湿润区、汾渭平原山地暖温带半湿润区、燕山山地暖温带半湿润区、辽东低山丘陵暖温带湿润区、黄土高原东部太行山地暖温带半干旱区、黄土高原南部暖温带半湿润区共 6 个气候子区[209](图 4-3)。

除遥感数据源以外,辐射观测站点空间位置信息、实测太阳辐射数据来源于中国气象局。实测太阳辐射数据在卡尔曼滤波过程中,作为"真实值"对遥感反演太阳辐射数据进行优化,并可用于研究区优化后辐射值的验证。气候区划数据由中国科学院地理科学与资源研究所郑景云研究员等提供[209],该区划综合考虑了多种因素,具有很好的代表性,为本方法从站点向这个区域拓展提供了可靠的依据。

本节中实测太阳总辐射数据采用中国气象科学数据共享服务网提供的全国 122 个辐射观测站数据;利用 122 个台站的位置坐标,提取对应的遥感反演的日太阳总辐射数值,得到各个站点三年内遥感反演的日平均太阳辐射。将实测太阳辐射值除以日照时数求出实测太阳辐射日均值,作为"真实值"引入到卡尔曼滤波中对遥感反演数据进行优化。

本部分以 2002 年为例,选择研究区内各个子区中地理位置比较居中的一个辐射观测站进行卡尔曼滤波优化,优化结果如图 4-4～图 4-8 所示。

根据研究区燕山山地暖温带半湿润区(朝阳辐射观测站)、黄土高原东部太行山地暖温带半干旱区(太原辐射观测站)、汾渭平原山地暖温带半湿润区(西安辐射观测站)、辽东低山丘陵暖温带湿润区(沈阳辐射观测站)和华北平原与鲁中东山地暖温带半湿润区(济南辐射观测站),这5个观测站的实测总辐射值对遥感反演值进行优化,得到以上优化结果图,同时,得到各站点优化后的太阳辐射数据。

　　由表4-3中的统计结果可以发现,各个站点的太阳辐射数据经过卡尔曼滤波优化后,其均值和标准差都得到了明显的改善,其时间序列变化规律与地面观测值的时序变化规律更加吻合。因此,可以肯定卡尔曼滤波对短周期太阳辐射数据的时序优化具有良好的效果。

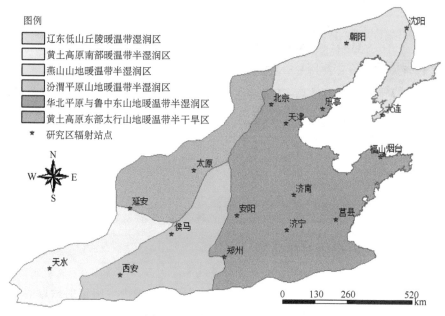

图 4-3　研究区及气候子区划分

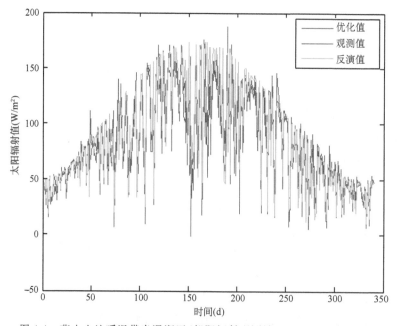

图 4-4　燕山山地暖温带半湿润区(朝阳辐射观测站)Kalman 滤波优化值

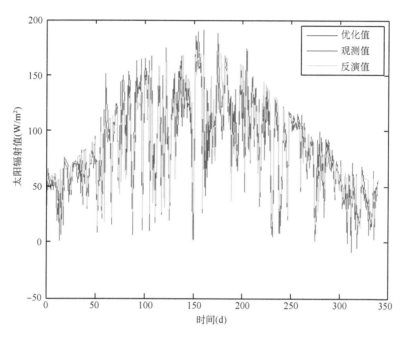

图 4-5　黄土高原东部太行山地暖温带半干旱区（太原辐射观测站）Kalman 滤波优化值

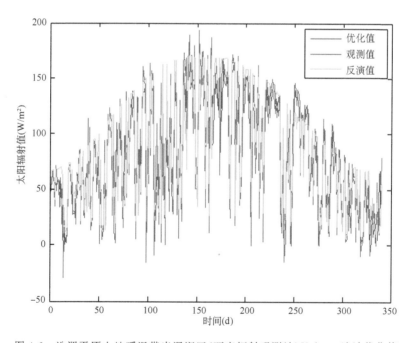

图 4-6　汾渭平原山地暖温带半湿润区（西安辐射观测站）Kalman 滤波优化值

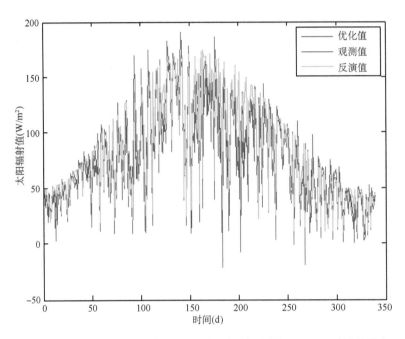

图 4-7　辽东低山丘陵暖温带湿润区（沈阳辐射观测站）Kalman 滤波优化值

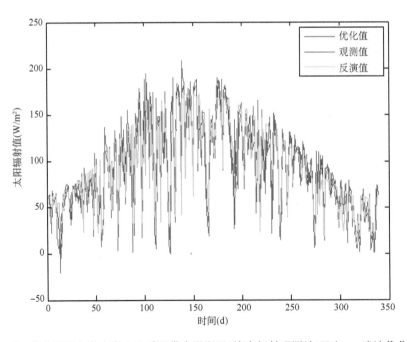

图 4-8　华北平原与鲁中东山地暖温带半湿润区（济南辐射观测站）Kalman 滤波优化值

表 4-3　各辐射观测站遥感反演太阳辐射数据优化前、后比较

观测站	优化前均值 （W/m²）	实测均值 （W/m²）	优化后均值 （W/m²）	优化前标准差	实测标准差	优化后标准差
朝阳	88.1300	84.5215	84.4958	44.8930	39.1672	42.7656
太原	87.6500	86.0856	86.1622	44.3734	41.2015	42.0010
西安	86.5000	82.4987	82.4480	51.3540	48.3087	49.8840
沈阳	84.2000	78.5644	78.5666	45.7330	40.6969	44.9358
济南	93.3700	93.1726	93.1391	44.0800	47.4357	47.9921

4.1.4　区域尺度太阳辐射时序重构

4.1.4.1　重构方法从站点到全区的拓展思路

经过卡尔曼滤波我们可以得到各站点遥感反演的太阳辐射时间序列上的优化值,但还不能实现空间上的扩展。因此,本节尝试建立了一种"分气候区分季节"对研究区遥感反演太阳辐射数据进行优化的方法。

根据太阳辐射季节特征对研究区进行分段（春季、夏季、秋季和冬季四段）拟合,即对每个气候区每个季节建立一个拟合函数,以对原始遥感反演太阳辐射数据进行优化处理。

在每个气候区内我们可以认为其海拔高度、气温、降雨量、干燥度、地形等条件基本一致。另外,遥感反演太阳辐射值,代表的是大约 25 km² 的地面单元的值（GMS-5 空间分辨率为 5 km,即每个像元所代表的地面尺寸大约为 25 km²）,因此,地面实测值与具有一定面积的影像像元太阳辐射值之间能够建立很好的相关关系。

我们得到了朝阳、太原、西安、沈阳、济南辐射观测站的遥感反演值,经过卡尔曼滤波器优化得到了良好的结果,建立各站点遥感反演值与卡尔曼滤波得到的优化值之间的函数关系,并将其应用于各站点所在的气候区是可行的。

设各个气候区内任意位置的太阳辐射值为 Y,则:

$$Y = A \cdot X + B \tag{4-10}$$

式中:X 为各气候区中每天的遥感反演太阳辐射值,A、B 为经验系数,由于采用分段拟合,即每个研究区每个季节的拟合函数,故将冬季拟合方程系数设为 A_1、B_1,春季拟合方程系数设为 A_2、B_2,夏季拟合方程系数设为 A_3、B_3,秋季拟合方程系数设为 A_4、B_4。根据每个气候区 2002 年各季节遥感反演的太阳辐射值与卡尔曼滤波优化值,采用最小二乘法拟合出 $Y = AX + B$ 中各季节的经验系数（表 4-4）,然后建立 2002 年各气候区各季节遥感反演值与优化值之间的拟合方程,进而,可以求出任意一个气候区某季节内任意一天的太阳辐射优化值。

表 4-4 2002 年各气候区各季节拟合方程系数

气候区	辽东低山丘陵暖温带湿润区	燕山山地暖温带半湿润区	黄土高原东部太行山地暖温带半干旱区	华北平原与鲁中东山地暖温带半湿润区	汾渭平原山地暖温带半湿润区	黄土高原南部暖温带半湿润区
温度带	暖温带	暖温带	暖温带	暖温带	暖温带	暖温带
干湿区	湿润区	半湿润区	半干旱区	半湿润区	半湿润区	半湿润区
$A1$	0.9950	1.0050	1.0560	1.0360	1.0230	1.0213
$B1$	−3.2760	−0.7990	−7.0370	−6.6570	−6.8220	−4.7593
$A2$	1.0090	0.9540	1.0310	1.0880	0.9940	1.0120
$B2$	3.5250	1.5360	1.6690	−4.0690	−0.2210	−0.9180
$A3$	0.9850	0.9790	0.9530	1.0310	0.9800	0.9967
$B3$	−14.1200	−10.0100	3.2670	−7.6630	−6.9270	−8.2000
$A4$	0.9570	0.9910	1.0230	0.9620	1.0850	1.0127
$B4$	2.0480	2.5300	−4.0210	4.8930	−6.8350	0.1960

4.1.4.2 重构方法的全区应用结果

首先将带有表 4-4 中拟合方程系数属性的气候区划矢量图进行栅格化,得到 $A_1 \sim A_4$、$B_1 \sim B_4$ 共 8 张拟合方程系数栅格图,通过 ArcMAP 栅格计算器,与对应季节的遥感反演数据进行计算,得到研究区优化后的不同日期的太阳辐射空间分布图。下面以 2002 年四个季节中的 2 月 15 日、5 月 15 日、8 月 15 日和 11 月 15 日为例,对研究区内各个气候区遥感反演的太阳辐射值进行优化,优化后的结果如图 4-9～图 4-16 所示。

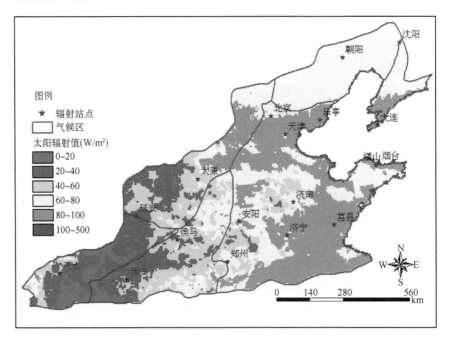

图 4-9 2002 年 2 月 15 日研究区太阳辐射空间分布(优化前)

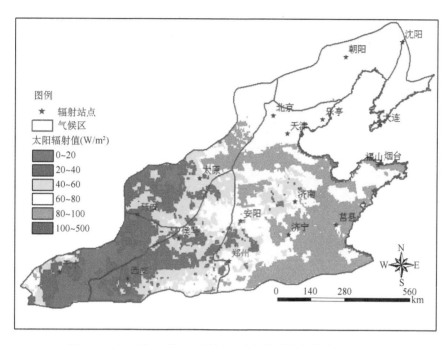

图 4-10　2002 年 2 月 15 日研究区太阳辐射空间分布（优化后）

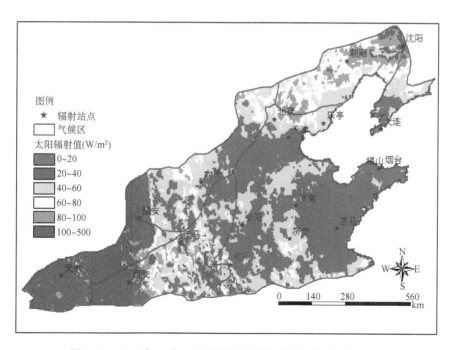

图 4-11　2002 年 5 月 15 日研究区太阳辐射空间分布（优化前）

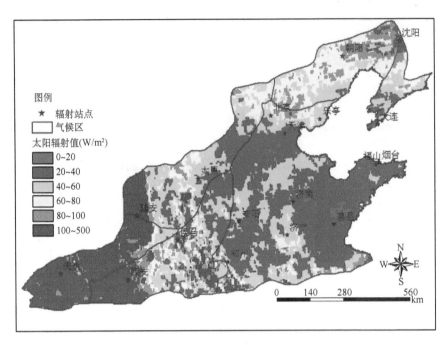

图 4-12 2002 年 5 月 15 日研究区太阳辐射空间分布(优化后)

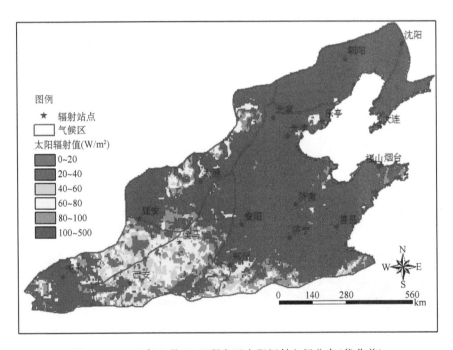

图 4-13 2002 年 8 月 15 日研究区太阳辐射空间分布(优化前)

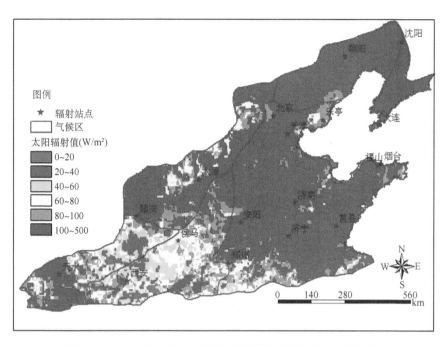

图 4-14　2002 年 8 月 15 日研究区太阳辐射空间分布(优化后)

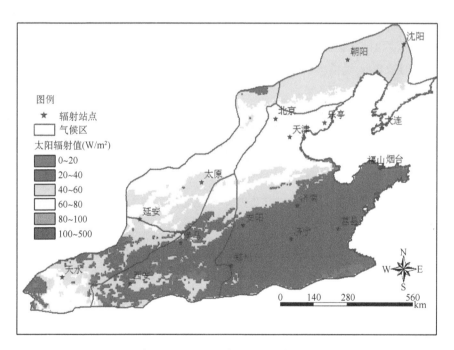

图 4-15　2002 年 11 月 15 日研究区太阳辐射空间分布(优化前)

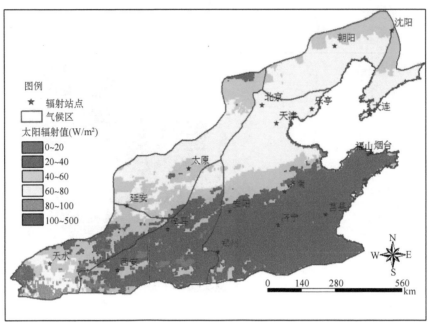

图 4-16　2002 年 11 月 15 日研究区太阳辐射空间分布（优化后）

在得到的四个时期的研究区优化结果中，太阳辐射的空间分布优化前后变化范围较大的为 2 月 15 日和 11 月 15 日两个时期。其中 2 月 15 日研究区太阳辐射空间分布优化后除燕山山地暖温带半湿润区外，其他气候区均有大面积的辐射值降低的现象，而在 11 月 15 日，燕山山地暖温带半湿润区和黄土高原东部太行山地暖温带半干旱区有辐射值升高的趋势。在 5 月 15 日和 8 月 15 日两时期的变化程度和变化范围均较小。这种现象的出现可能与日照时间长短有关，在日照时数较长、太阳辐射较高的时期优化误差相对较小。

4.1.5　结果验证

除用于建立拟合方程的辐射观测站点外，其余的辐射观测站用于对研究区优化后结果的验证。选择延安、侯马、北京、天津、乐亭、郑州、莒县和福山为验证点，利用这些站点 2002 年遥感反演太阳辐射值（优化前）、地面实测值及拟合方程优化后的太阳辐射值进行统计分析，获得均值及标准差如表 4-5 所示。

表 4-5　验证点优化前、实测及优化后太阳辐射均值及标准差

验证点	优化后均值（W/m²）	实测值均值（W/m²）	优化前均值（W/m²）	优化后标准差	实测值标准差	优化前标准差
延安	84.6398	84.1573	86.1730	47.6966	42.1474	47.2244
侯马	83.9517	82.4096	88.0381	47.3407	43.2149	47.9157
北京	87.4864	84.6919	87.9384	43.4452	43.1290	44.8354
天津	89.4203	87.2807	90.0885	44.4175	43.1998	45.8388
乐亭	88.1311	84.8432	88.5630	46.9290	42.8369	45.4738
郑州	88.4791	87.9959	88.9003	47.6548	46.9645	49.1798
莒县	93.5483	91.2722	93.8123	45.5464	42.7546	46.9271
福山	89.0662	87.2781	89.4692	45.5775	41.7905	47.0360

从表中可以看出,优化后的太阳辐射均值均比优化前更接近于实测值的均值,同时,标准差中,绝大部分辐射观测站的标准差都比优化前要减小,即降低了数据的离散程度。验证点中,延安站优化后的标准差稍大于优化前的标准差,但数值变化较小,可能由于误差产生,具体误差原因将在后面章节予以分析。

优化后的太阳辐射时间序列,无论在均值还是标准差上都更接近于实测值,如图 4-17 所示(以侯马辐射观测站为例),在全年的时间序列变化规律与地面观测值的时序变化表现出更高的一致性。

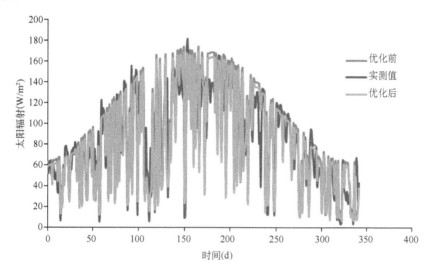

图 4-17　侯马辐射观测站优化前、实测及优化后太阳辐射值

基于对卡尔曼滤波的优化结果分析及对整个研究区优化结果的验证,我们发现所建立的短周期太阳辐射时间序列重构方法及其应用整体上取得了很好的效果,但存在个别站点精度没有显著提高的现象,这可能是由于以下各方面的误差造成的。

首先,日本 GMS-5 静止气象卫星于 1995 年发射,到 2002 年甚至于 2000 年时已经是超寿命运行,传感器本身性能不断下降,需要复杂的定标处理、调整其 DN 值后才可使用。因此,会造成遥感数据源本身存在误差。

第二,大气校正过程中所使用的参数及选择的模型均具有一定的不确定性,会在不同程度上影响数据精度。

第三,反演算法具有间接性及病态性。传感器接收到的辐射信号是太阳辐射经过大气的反射、吸收、透射到地面并反射回去的能量,其过程十分复杂。遥感反演的过程中需要涉及大量的未知参数,常会采用很多经验或半经验公式而尚不能达到精确定量的水平。

第四,地面实测太阳辐射数据观测中的误差。这部分误差主要包括系统误差和偶然误差。

第五,研究方法中可能存在误差的地方有两方面:在卡尔曼滤波的应用过程中,其初始值的设定具有不确定性,需要一个经验范围,故初值设定的准确与否会对优化结果有一定影响;在优化函数拟合的过程中,根据前人的研究基础,即太阳辐射实测值与卫星观测值之间存在线性关系,建立了简单的线性回归方程,欲将短周期太阳辐射时间序列的优化在空间上得以推广,这里忽略了尺度效应、复杂地形及环境因素的影响,因此,会在一定程度上产生误差。

本节主要结论如下：

（1）太阳辐射数据空间变化相对稳定（相对于几十米至几千米的像元）、时间变化显著，这种时间序列变化具有明显的季节规律，可作为遥感反演的辐射数据产品时间序列精度分析和重构的基础；基于静止气象卫星GMS-5获取了短周期太阳辐射数据，并对其时序变化特征进行分析。研究发现，地表太阳辐射具有明显的年际变化规律，以夏季为辐射高峰呈现近似于正态分布曲线的形式。每一年内又表现出明显的季节性变化规律，夏季太阳辐射高而冬季太阳辐射低，这种情况是由日常的年度周期和太阳高度角的变化造成的。

（2）在站点/像元尺度，基于数据同化的思路，利用卡尔曼滤波等优化算法方法可以有效提高整个数据时间序列的精度和一致性。在研究区选择部分代表性站点，以卡尔曼滤波为同化算法，将实测太阳辐射值作为"真实值"不断地引入到卡尔曼滤波中对遥感反演的数据进行优化。经过卡尔曼滤波优化后的太阳辐射数据，其均值和标准差都得到了明显的改善，其时间序列变化规律与地面观测值的时序变化规律具有很好的一致性。卡尔曼滤波的计算过程是一个不断地"预测—校正"的过程，它不要求存储大量的数据，可以实时更新处理，对短周期太阳辐射数据的时序优化具有良好的效果。

（3）基于站点尺度的研究结果，提出了一种"分气候区按季节逐段拟合"处理方案，可以将基于站点的重构方法拓展到整个研究区，对研究区内全年逐日的遥感反演太阳辐射数据进行时间序列重构和优化，并取得了满意的应用效果。该方法基于以下三方面的假设：遥感反演值与地面观测值之间呈线性相关；研究区的每个气候区内海拔高度、气温、降雨量、干燥度、地形等条件基本一致；卡尔曼滤波器的优化结果可靠。本节对研究区中每个气候区选择一个辐射观测站，分春、夏、秋、冬四个季节，根据其遥感反演值与卡尔曼滤波优化值之间的关系，分别建立一个线性回归方程，以对研究区中每个气候区进行优化。通过验证发现，除延安辐射观测站的标准差大于优化前数据外，其他站点优化后的太阳辐射均值、标准差都比优化前数据更接近于实测值的均值。且优化后的太阳辐射全年的时间序列变化规律与地面观测值的时序变化表现出更高的一致性。本节提出的方法为地表能量参数时间序列重构提供了新的解决途径，可在更多的区域进行校验和推广。

4.2　温度数据时间序列优化处理

地表温度是地表与大气相互作用过程中的最重要的物理学参量之一，在全球环境变化、生态环境演变、地震、农业等诸多相关学科研究中具有重要的意义。遥感具有宏观动态的特点，地表温度遥感反演研究近年来得到了越来越多的重视[213]。然而地表温度是一个动态的热平衡参量，受到地表能量平衡过程特别是大气湍流的影响，是一个动态变化的时间序列过程参量。而遥感获取的地表温度分布一般是一个瞬时样本，并且云、气溶胶和地物双向性反射等的影响，造成了遥感反演的地表温度在时间、空间上的缺失，同时会影响地表温度时序曲线的季节变化特征[214,215]。另外，在地表能量平衡过程研究、地震红外异常遥感信息提取等领域应用遥感反演得到的地表温度分布，由于遥感反演算法或模型的间接性及病态性特性等因素，均存在相应的不确定性;这种数据缺失和数据质量的不确定性,会严重影响陆面过程模拟的精度[216]。因此对长时间序列地表温度重建平滑、优化拟合具有重要意义[217,218]。

随着陆面数据同化研究的深入,适用于陆面数据同化的最优化算法也迅速发展起来。起源于 20 世纪 60 年代的卡尔曼滤波算法广泛应用已经超过 40 年,包括航空器轨道修正、机器人系统控制、雷达系统与导弹追踪、变形监测等[219-222],在气象与地球科学方面也有大量应用研究。1994 年陆如华等将卡尔曼滤波算法应用到气象预报中,制作了北京 1993 年 1 月逐日最低气温 36 h 预报,预报结果令人满意[223]。方建刚等将卡尔曼滤波与欧洲中期数值天气预报中心的数值预报产品,建立西安 24 h 最高/最低气温预报方法,表明卡尔曼滤波对数值预报模式变化具有很强的适应能力,与动力统计方法相比较具有很大优势[224]。

4.2.1　地表温度时空特征分析

4.2.1.1　时间特征分析

本节以京津冀地区为例,利用静止气象卫星 GMS-5 反演了 2000—2004 年地表温度时序数据。该地区地势基本由西北向东南逐级下降,形成了山地和平原为主的地形。本节依据各个站点的高程,遵循相近高程站点平均分布,地带性与非地带性相结合、发生同一性与区域气候特征相对一致性相结合、综合性和主导因素相结合、空间分布连续性等基本原则,制定本次研究区的分区方案,如图 4-18 所示。分区方案内认为其分区内的海拔高度、降雨量、干燥度、地形等自然条件基本一致。以河北省蔚县站点为例,获取其 5 年中每日平均地表温度时间变化曲线,如图 4-19 所示。

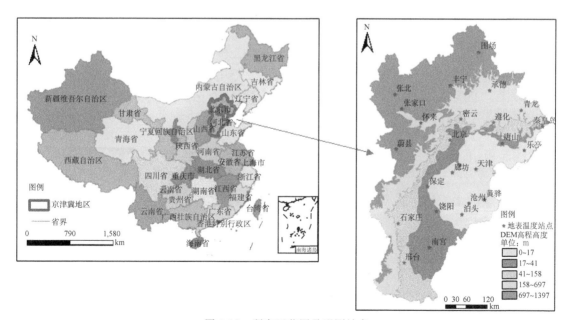

图 4-18　研究区范围及观测站点

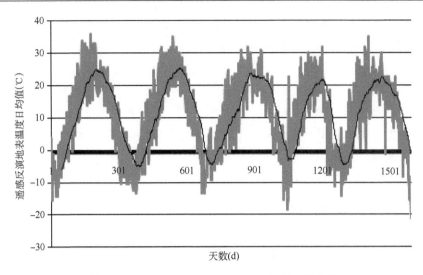

图 4-19　2000—2004 年日平均地表温度时间序列

4.2.1.2　空间特征分析

以 2002 年为例,反演了全国年平均地表温度空间分布数据,如图 4-20 所示。

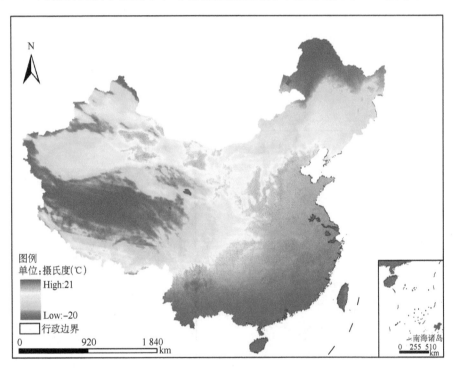

图 4-20　全国 2002 年年平均地表温度空间分布

为对遥感反演地表温度精度进行验证,在 5 个相对均匀的区域内各选择一个气象站点,对该站点的遥感反演地表温度值与实地测量地表温度值进行相关性分析。

从表 4-6 的分析结果可见,5 个站点的相关性很好,都在 0.8 以上。其中,相关系数 R 最低的地表温度观测站为天津,这可能与该地区特殊的地形条件有关,天津沿海,海洋气候中存在较多的气溶胶等微粒,这种特殊地理位置及气候条件对反演结果有较大的影响。

表 4-6　京津冀地区 5 站点遥感反演与实测地表温度数据相关分析

城市	遥感反演均值 (℃)	遥感反演标准差	实测均值 (℃)	实测标准差	相关性
天津	13.152	10.497	13.528	10.502	0.815
南宫	13.686	10.688	14.258	10.553	0.840
邢台	13.833	10.363	15.374	10.033	0.835
承德	11.847	10.841	9.169	11.708	0.851
蔚县	11.364	10.938	9.201	11.437	0.831

4.2.2　站点尺度地表温度时序重构

本节采用了中国气象科学数据共享服务网提供的京津冀地区 24 个地表温度观测站数据及各站点对应的实测地表温度数据。利用 24 个站点的位置坐标,对在京津冀地区 2002 年遥感反演的日地表温度进行数值提取,得到各个站点在这两年内遥感反演的日平均地表温度。将实测地表温度作为"真值"引入到卡尔曼滤波中对遥感反演数据进行优化。

以 2002 年为例,选择各个区域中高程比较居中的一个地表温度观测站进行卡尔曼滤波优化。由表 4-7 中的统计结果可以发现,各个站点的地表温度数据经过卡尔曼滤波优化后,其均值和均方根误差 RMSE 都得到了明显的改善,其时间序列变化规律与地面观测值的时序变化规律更加吻合。因此,可以肯定卡尔曼滤波对短周期地表温度数据的时序优化具有良好的效果。

表 4-7　2002 年京津冀地区 5 站点地表温度数据优化前后比较统计表

城市	优化前均值偏差 (℃)	优化后均值偏差 (℃)	精度提升 (%)	优化前 RMSE	优化后 RMSE	精度提升 (%)
天津	0.375	0.266	29.1	4.716	4.393	6.85
南宫	0.572	0.399	30.2	4.895	4.869	0.53
邢台	1.541	1.117	27.5	4.906	4.719	3.81
承德	2.678	2.024	24.4	5.643	4.613	18.25
蔚县	2.163	1.680	22.3	5.349	4.920	8.02

4.2.3　区域尺度地表温度时序重构

经过卡尔曼滤波同化得到了各站点遥感反演的地表温度时间序列上的优化值,但该算法不能实现空间上的扩展。因此,本节建立了一种"分地区分季节"对研究区遥感反演地表温度数据进行优化的方法。由于遥感反演值与实测数据之间具有良好的线性相关关系,并且地表温度时序数据具有明显的季节性变化特征。本节对每个分区采取分季节(春季、夏季、秋季和冬季)拟合的方法,即对每个地区每个季节建立一个拟合函数,对原始遥感反演地表温度数据进行优化。

在站点尺度获取了天津、南宫、邢台、承德、蔚县各观测站遥感反演值及卡尔曼滤波优化后的值,建立各站点两者之间的函数关系,并将其应用于各站点所在的分区。通过栅格计算,利用地表温度分区分段遥感反演值与优化值之间的拟合函数,得到研究区优化后的地表温度空间分布图。下面以 2002 年四个季节中的 2 月 15 日、5 月 15 日、8 月 15 日和 11 月 15 日为例,对研究区内各个分区遥感反演的地表温度值进行优化,优化后结果如图 4-21。

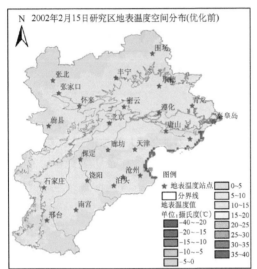

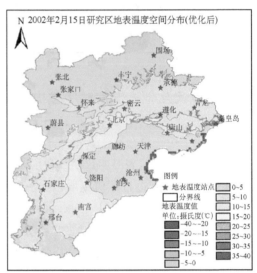

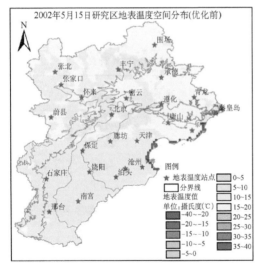

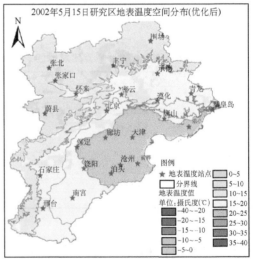

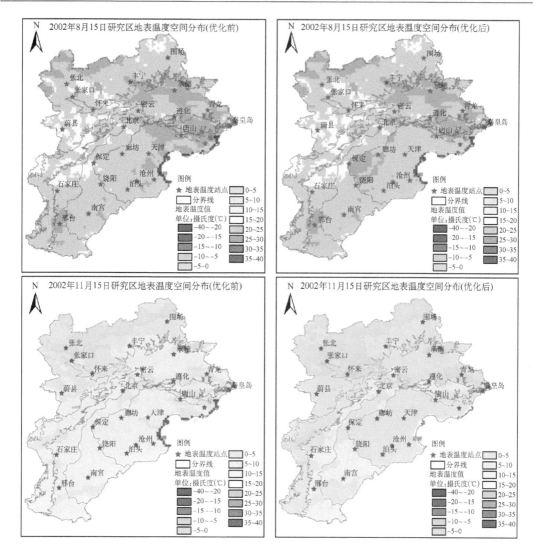

图 4-21　2002 年京津冀地区地表温度优化前后空间分布

4.2.4　结果验证

除用于建立拟合方程的地表温度观测站点外,其余的地表温度观测站用于对研究区优化后结果的验证。选择廊坊、唐山、北京、青龙和围场为验证点,利用这些站点 2002 年遥感反演地表温度值(优化前)、地面实测值及拟合方程优化后的地表温度值进行统计分析,获得均值及均方根误差 RMSE,如表 4-8 所示。

从表 4-8 中可以看出,优化后的地表温度均值均比优化前更接近于实测值的均值,同时,均方根误差 RMSE 中,绝大部分地表温度观测站的均方根误差 RMSE 都比优化前要减小,即降低了数据的离散程度。验证点中,廊坊优化后的均方根误差 RMSE 大于优化前的均方根误差 RMSE,但数值变化较小,可能由误差产生。

表 4-8　验证点优化前、实测及优化后地表温度均值及均方根误差

验证点	优化后均值（℃）	实测值均值（℃）	优化前均值（℃）	优化后 RMSE	优化前 RMSE
廊坊	13.720	13.818	12.839	7.428	4.682
唐山	12.677	13.201	12.356	3.824	4.436
北京	13.482	13.402	13.310	4.333	4.847
青龙	11.231	10.457	11.918	4.291	4.986
围场	9.443	6.569	9.539	4.689	5.203

　　本节针对遥感反演的能量参数在时间序列上的缺失问题，使用了一种新的基于数据同化思路的地表温度数据时序重构方法，通过设计最优同化算法，在研究区的检验和调试，建立能够对每日的地表温度遥感反演数据进行重构处理的技术方法，为地表过程模拟和相关研究提供了更为完备、一致的长时间序列数据集。

第 5 章　能源植物资源利用潜力时空模拟

5.1　基于 LCA 的能源植物资源利用潜力估算

基于 LCA 的能源植物资源利用潜力估算包括以下几个主要步骤。

首先,基于生物能源净能量、环境影响模型,综合国家相关政策,模拟分析不同政策条件下(环境效益最大、产量最大等)的能量生产及环境效应,从而对我国生物能源作物进行种植区划,估算我国发展生物液体燃料的最大产能潜力及减排潜力。

其次,利用生命周期分析法,对生物能源从生产到消耗的生命周期中的能量消耗和产出、循环中的排放及生物能源汽车尾气排放等方面进行分析,同时兼顾发展生物能源时土地利用变化对环境的影响,建立生物能源生命周期净能量平衡模型和生物能源生命周期净排放模型,并对模型的参数进行估计;在此基础之上模拟分析不同情景下我国发展生物能源产业的能量生产潜力及环境可行性。

根据能源作物生命周期内能量平衡及对环境的影响建立生物液体燃料生命周期净能量平衡模型和生物液体燃料生命周期净排放模型,对发展生物液体燃料的产能潜力及可能产生的环境影响进行定量研究;综合考虑政策、产能及环境影响,规模化开发利用能源效益评估。能源植物规模化开发利用的能源效益评估主要从以下两方面进行:一是直接经济效益,即由能源植物生产的生物液体燃料对传统化石能源的替代效益,通过生命周期分析方法得到单位面积上的能源植物可以被有效利用的净能量,然后将其换算为货币形式,借此表示其能源替代效益;二是环境效益,主要通过污染物减排效益和释氧效益表示,其中污染物减排效益是将生物液体燃料生命周期的总排放与传统化石燃料生命周期的总排放对比得到减排差额效益,并且把其分为二氧化碳与其他主要污染物分别计算。二氧化碳的减排差额效益是同时考虑能源植物的固碳量和生命周期的二氧化碳排放量得到二氧化碳的净排放量,将其与传统化石能源的排放量比较得到。由能源植物的生物量计算得到释氧量,并采用工业制氧法估算能源植物的释氧效益[8]。评估内容如图 5-1 所示。

(1)使用生命周期法计算净能量。将生物液体燃料的生命周期分为:能源作物种植过程、原料运输过程、生物液体燃料生产过程三个阶段。基于热力学第一定律,研究其生命周期系统的化石能输入 FE 与生物能输出 BE 之间的关系,生物液体燃料提供的能量减去生物液体燃料生命周期的化石能量输入之后的剩余能量与副产品替代能量之和作为净能量,以此来计算能源植物规模化开发利用的能源替代效益,即直接经济效益。

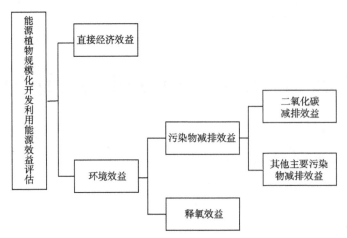

图 5-1　能源植物规模化开发利用的能源效益评估内容

（2）生命周期法结合能源植物固碳计算二氧化碳的减排效益。按生物液体燃料的生命周期，计算从能源植物生产、能源作物运输、生物液体燃料生产、生物液体燃料运输，直到生物液体燃料燃烧的整个生命周期中的净排放量（即其生命周期中的总排放量抵消掉能源植物固碳量的部分之后的部分）相较于传统化石燃料（汽油、柴油）的生命周期总排放减少的量。

在湖北省来凤县和广东省佛冈县两个应用示范区，基于系统模型库及背景数据库进行能源—经济—环境效益评估，采用 SPOT5 全色和多光谱影像数据进行了应用示范区能源植物开发利用潜力评估的应用，实现能源植物开发能源效益、环境效益的评价，应用结果如图 5-2～图 5-5 所示。

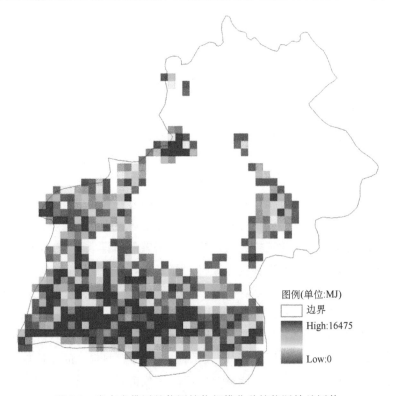

图 5-2　广东省佛冈县能源植物规模化种植能源效益评估

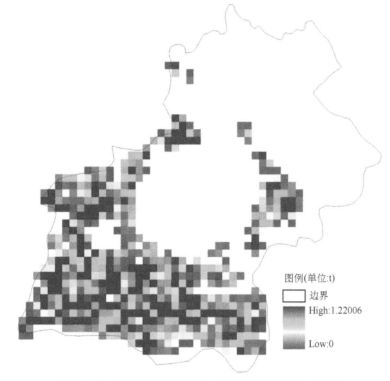

图 5-3　广东省佛冈县能源植物规模化种植环境效益评估

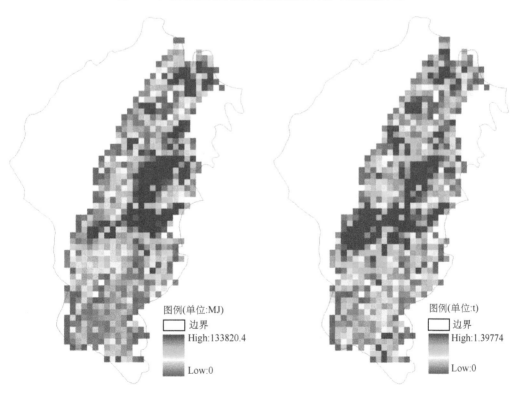

图 5-4　湖北省来凤县能源植物规模化　　　图 5-5　湖北省来凤县能源植物规模化
　　　　种植能源效益评估　　　　　　　　　　　　种植环境效益评估

5.2　基于生态过程模型的能源植物资源利用潜力动态模拟

GEPIC 模型(GIS-based Environmental Policy Integrated Climate)将 EPIC 模型与 GIS 技术耦合,克服了传统大尺度模型空间精度不高、小尺度模型难以满足环境政策决策需求的缺点[106],因此在能源植物发展潜力的高空间分辨率定量评价中具有广泛的应用前景。

GEPIC 模型的总体结构见图 5-6。EPIC 模型能够模拟特定单个站点的农作物生长、水文循环、碳氮循环和气候变化等。通过与 GIS 技术结合,GEPIC 可将栅格数据中的每一个格网作为一个单个站点,然后对任何空间分辨率的所有预定义格网单元进行以上所有过程的模拟,以实现区域尺度的生态系统过程模拟[107]。

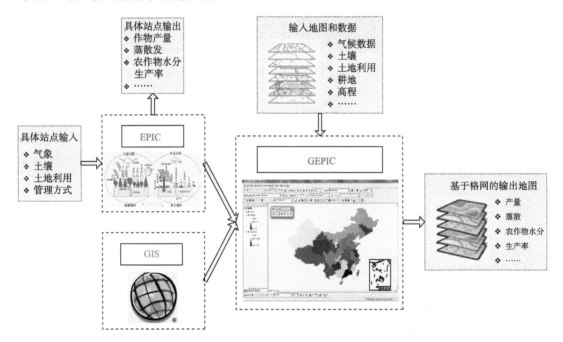

图 5-6　GEPIC 模型的总体结构图

在 GEPIC 总体框架下,EPIC 与 GIS 的耦合采用了松散耦合的方式,这种方法依赖于 GIS 与模型之间的数据文件传输。GEPIC 的接口把大部分需要的数据从 GIS 栅格地图提取出来,并将其编辑成 EPIC 所需的数据格式。将这些格式化的数据传输到 EPIC 模型,得到的模拟结果再由 EPIC 模型传给 GEPIC 接口来生成输出地图,具体流程见图 5-7[106,107]。

5.2.1　模型输入参数与数据准备

GEPIC 模型所需的数据包括土地利用数据、土壤数据、气象数据、地形数据、边界数据和施肥灌溉数据[103]。其中最重要的数据为气象数据和土壤数据,土壤数据以栅格和文本文件的

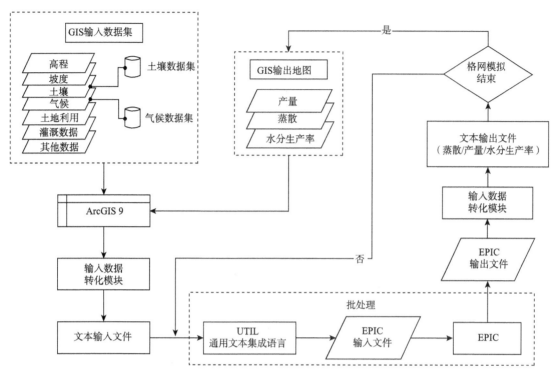

图 5-7　GEPIC 运行流程图

格式保存每个栅格地区的土壤属性,包括:土壤有效厚度、土壤质地、pH、有机碳含量、含沙率等,土壤属性越多,估算结果越精确。气象数据同样以栅格和文本文件格式保存,包括日尺度数据或月尺度数据,其中日尺度数据包括每日降水量、每日最高和最低气温;月数据包括月降水量、月降雨天数、月最高和最低气温[103,106]。

GEPIC 模型可用于作物产量评估、水土流失评价、气候变化影响评价、农田水肥管理等方面,所以 GEPIC 模型输出项较多,包括作物产量、生物质产量、土壤中的氮含量、土壤中有机氮流失量等[103,106]。

GEPIC 模型的输入项和部分输出项如下表所示[103,106]。

表 5-1　GEPIC 模型的输入项和部分输出项

输入项	输出项
土地利用数据	作物产量
土壤数据	风蚀作用
气象数据	太阳辐射
地形数据	生物质产量
边界数据	作物收获指数
施肥数据	流失到空气中的氮
灌溉数据	泥土中的有机碳流失等

5.2.2 模型参数本地化

GEPIC 模型参数具有显著的区域性,在其研发地美国的适用性好,应用到其他国家和地区时,必须根据实验和文献数据,对模型参数进行校验和修订。作物生长是一个非常复杂的过程,模拟作物的生长过程涉及较多的参数,本地化模型时须对这些参数进行修改。可修改的部分参数如表 5-2 所示[103,106]。

表 5-2 作物生长部分参数

参数代码	参数意义
WA	潜能转化为生物量的转化因子或者潜在的辐射利用效率,即光合作用所吸收的每单位辐射的潜在生长率
HI	正常的收割指数,即作物产量/地上生物量
TB	植物生长的最佳温度
TG	植物生长的最低温度
DMLA	最大潜在叶面积指数。叶面积指数是指单位土地面积上植物叶片总面积占土地面积的倍数,即叶面积指数＝叶片总面积/土地面积
SDW	正常种植率(kg/hm^2)
HMX	最大作物高度(m)
RDMX	最大根深度(m)
CVM	水蚀因子的最小值
CNY	正常情况下产量中的含氮比例
CPY	正常情况下产量中的含磷比例
ALT	作物对铝饱和溶液的承受度(1～5;1＝敏感,5＝毫不敏感)
GSI	高太阳辐射、低气压区的最大气孔度
WSYF	收割指数的下限。该数值介于 0 和 HI 之间,它代表着因水的限制而所期望的最低的收割指数
BN1	生长初期作物生物量中的正常含氮量
BN2	生长中期作物生物量中的正常含氮量
BN3	成熟期作物生物量中的正常含氮量
BP1	生长初期作物生物量中的正常含磷量
BP2	生长中期作物生物量中的正常含磷量
BP3	成熟期作物生物量中的正常含磷量
RWPC1	生长初期的根重量比例
RWPC2	成熟期时根重量的比例
CONV2	水分在草料或干草作物生物量中的比例
GMHU	发芽所需要的积温

　　不同的输出项受不同生长参数的影响,如作物产量主要受潜在辐射利用率、收获指数、作物最大高度等参数的影响,所以,在对模型进行本地化时可根据研究目的修改部分参数。

5.2.3　模型应用实例

　　生物质能是指太阳能以化学能形式储存在生物质中的一种能量形式,即以生物质为载体的能量。生物质能因其具有可再生性、低污染性、资源分布等特点而受到了世界各国的广泛关注。生物质能的来源很多,从能源作物中获得生物质能是其较为重要的来源。木薯由于是非粮作物,且具有抗逆性强、耐旱耐瘠薄等优点成为最重要的能源作物之一,广西是中国木薯生产大省,占全国收获总面积和鲜薯总产量的 60%,种植技术较为成熟,本实例采用 GEPIC 模型模拟广西壮族自治区宜能边际土地生物质潜能。

　　通过整理输入数据,对模型进行本地化后,获得广西壮族自治区宜能边际土地在雨养和灌溉条件下的生物质单产分布结果,如图 5-8,5-9 所示。

　　通过转化系数可将生物质转化为生物质能,最终得到广西壮族自治区宜能边际土地在雨养条件的情况下木薯产能潜力为 1 909 593.96 百万 MJ,相当于 1708.44 万 t 标准煤,占广西壮族自治区 2010 年能源总产量的 87.53%;在农业灌溉条件下木薯产能潜力为 2 054 017.73百万 MJ,相当于 1837.65 万 t 标准煤,占 2010 年能源总产量的 94.15%。

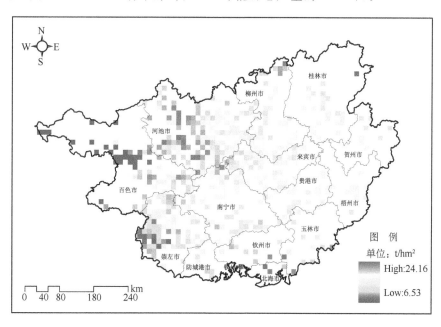

图 5-8　广西壮族自治区宜能边际土地生物质单产分布图(雨养条件)

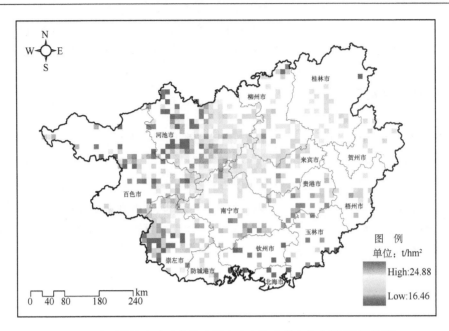

图 5-9　广西壮族自治区宜能边际土地生物质单产分布图（灌溉条件）

5.3　能源植物资源利用经济效益分析

　　要想大力发展基于能源植物的生物柴油和燃料乙醇，必须要实现原料树种的种植规模化、降低成本并且能够持续供应原料，才可使能源植物生物燃料行业长期发展。本节以黄连木为例，探索能源植物资源利用经济效益与市场潜力分析的理论与方法。

5.3.1　生物液体燃料生命周期成本分析

　　我国黄连木资源丰富，分布较广，而且果实和种子含油量都较高。目前我国黄连木野生林在各省的分布分别为：河北省 50 万亩、河南省 30 万亩、安徽省 60 万亩、陕西省 30 万亩。2006年，国家在陕西和河北建立两家生产生物质柴油的工厂，总生产力约 10 万 t 左右。同时，在陕西、河北、河南和安徽等地结合绿化造林任务，已规划了 1000 万亩黄连木能源林基地[8]。而据《河南省能源林培育规划》，到 2020 年建设黄连木能源林基地 300 万亩，可获得黄连木果实 80万 t。本节中黄连木生物柴油生命周期成本估算根据海南正和生物能源公司对黄连木果实生产生物柴油试点项目，生产能力为 10 万 t/a[8]。

　　生物柴油原料树种的不同可导致生物柴油生产成本的大不相同，每种原料树种在生命周期内的物质消耗和投入成本是不同的，特别是在生长过程时的造林、管护过程需投入大量人力物力[225]。黄连木生物柴油的生产成本由造林成本、管护成本、采收成本、运输成本、处理和存储成本及加工成本 6 部分组成。本节中的部分数值参考当地水平，造林密度在 840 株/hm² 左

右。生产单位(1 t)黄连木生物柴油所需总成本为 C,则[8,226]:

$$C = C1 + C2 + C3 + C4 + C5 + C6 \qquad (5\text{-}1)$$

式中:

C——生产单位黄连木生物柴油(t)所需总成本(元);

$C1$——单位面积(hm^2)的造林成本(元);

$C2$——单位面积(hm^2)的管护成本(元);

$C3$——采收单位面积(hm^2)黄连木果实成本(元);

$C4$——运输单位(t)黄连木果实成本(元);

$C5$——处理和存储单位(t)黄连木果实成本(元);

$C6$——加工单位(t)黄连木生物柴油成本(元);

由于上述公式中每部分单位量纲不同,则引入黄连木的单位产量(hm^2)$R1$ 与出油率 $R2$ 两个概念,从而得到生产单位黄连木生物柴油的总成本,计算公式如下[8,225]:

$$C = ((C1 + C2 + C3)/R1 + C4 + C5)/R2 + C6 \qquad (5\text{-}2)$$

5.3.1.1　黄连木生长期成本

黄连木生长期包括造林、管护、采摘 3 部分,造林其成本包括树苗费用、化肥农药费用,栽培、浇水等人工费用;管护期主要是化肥农药费用、浇水、修剪、防火、防灾等人工费用;采摘主要是人工和机械费用。黄连木能源林造林密度为 840 株/hm^2,每株苗 1.5 元,栽培是每株人工费约 0.5 元,浇水 0.5 元每株。普通碳铵肥 600 元/t,普通磷肥 3000 元/t,钾肥 2500 元/t,尿素 2150 元/t,果树杀虫剂 200 元/瓶,折合每株黄连木 0.7 元。人工费按当地用工标准,折合每公顷 50 元,则黄连木能源林造林按初植密度 840 株/hm^2,造林成本为 5136.2 元/hm^2,具体成本分析见表 5-3[8,225,226]。

黄连木管护投资包括施肥、浇水、修剪等人工工资、化肥费用、防火防病虫害的农药杀虫剂和人工费用。则每公顷平均需施肥费用 586.2 元,浇水、修剪、防虫害等费用为 720 元,则每公顷需要 1306.2 元。

表 5-3　黄连木生命周期投入成本分析

	细化作业	单株成本(元/株)	单位成本(元/hm^2)	备注
造林	苗木	1.5	1 260	840 株/hm^2
	栽培	0.5	420	—
	施肥	0.7	586.2	—
	农药	0.24	200	—
	浇水	0.5	420	—
	人工	—	—	50 元/hm^2

	细化作业	单株成本（元/株）	单位成本（元/hm²）	备注
管护	施肥	0.7	586.2	一年一次
	浇水	0.5	420	—
	修剪	—	—	25 元/a
	防火、防病虫害	—	—	25 元/a
采摘	人工/机械	—	750	—
	合计		7192.4	

注：本成本计算未考虑土地成本、销售成本和各种税费。

5.3.1.2 采摘成本

参考海南正和公司发展生物柴油林项目建议书，黄连木种子的采收通常是每亩用工 1 人，每年采摘一次，人工费为 50 元/hm²，平均采收单位费用为 750 元/hm²。

5.3.1.3 运输成本

采收之后，黄连木果实通过运输到生物柴油加工厂进行初步加工。运输要因地制宜，充分利用当地运输资源，根据当地的自然条件、交通情况和经济条件进行确定。根据上述数据，柴油车油耗为 5 $L \cdot (t \cdot 100 \ km)^{-1}$，目前市场上 0 号柴油价格为 8 元/L，则结合当地人工与运输价格，黄连木果实单位运输成本为 200 元/t。

5.3.1.4 处理和存储成本

处理主要是对运输收集到黄连木果实进行筛选、去皮、除杂等工序的操作，获得炼油种子，黄连木果实的处理单位成本为 50 元/t。由于黄连木果实资源供应的季节性特点，为了保证木本生物柴油加工厂的持续经营，必须计算黄连木果实的储存成本。存储期间要进行专管专护，防火防潮，也会发生相应的成本费用，其主要成本可为场地租金和人工管理费用，这部分费用为每年 100 元/t。

5.3.1.5 加工成本

加工成本包括对黄连木果实的初加工即炼制粗油和深加工制成生物柴油两个阶段。炼制粗油是用机械榨取粗油，主要消耗为水、电、机械、人工等；深加工主要是利用黄连木果实粗油，通过添加甲醇等辅助材料发生酯化反应得到生物柴油的过程。在这个过程中，消耗的原材料、水电、机械、人工等为成本的主要消耗。结合项目，获知木本生物柴油的生产技术已经具备，各种原料的加工成本变动并不大，每吨木本油料的粗加工成本（榨粗油）为 100 元/t，而加工生物柴油的深加工成本为 820 元/t（表 5-4）。

表 5-4　黄连木生物柴油生产单位成本分析　　　　　　　　　（单位:元/t）

甲醇	辅助材料	燃料	动力	人工	折旧	修理	管理	销售	合计
303.4	8.2	147.6	41	57.4	155.8	32.8	49.2	24.6	820

5.3.1.6　运输配送成本

生产出黄连木生物柴油后,还需按比例与化石柴油混合后运输到加油站,加油站再通过电力配送到柴油车油箱中。取运输距离为 150 km,则运输费用为每吨 75 元,配送费用则忽略不计。

由上述部分分析可知,黄连木造林成本为每公顷 5136.2 元,管护期每公顷需要 1306.2 元,平均采收单位费用为 750 元/hm²,处理、存储费用为 150 元/t,每吨黄连木种子的运输费用为 200 元/t,粗加工成本为 100 元/t,制取生物柴油的成本为 820 元/t,生物柴油运输和配送为每吨 75 元。参照正和生物能源公司项目规划,黄连木果实平均含油率为 35%,浸出法出油率为 91%。参考项目资料,在果园化、病虫害防治、肥水管理条件下,高产黄连木平均产量 4 t/hm²,中低产黄连木平均产量 2.3 t/hm²,结合黄连木生物柴油生产成本计算公式,可得出适宜土地和较适宜土地黄连木生物柴油生命周期生产成本如下[8,225-227]:

$$C\ 黄连木适宜 = ((C1 + C2 + C3)/R1 + C4 + C5)/R2 + C6 + C7$$
$$= (7192.4/4 + 200 + 150 + 100)/35\% + 820 + 75$$
$$= 7318.14\ 元/t$$

$$C\ 黄连木较适宜 = ((C1 + C2 + C3)/R1 + C4 + C5)/R2 + C6 + C7$$
$$= (7192.4/2.3 + 200 + 150 + 100)/35\% + 820 + 75$$
$$= 11115.37\ 元/t$$

参考相关文献[8,225-227],生产 1 t 生物柴油可收获 0.1 t 甘油,1.5 t 饼柏,目前生物柴油市场价格为 7200 元/t,饼柏价格为 2000 元/t,甘油市场价格为 4800 元/t,则副产品冲减后的适宜土地黄连木生物柴油生产成本为 3838.14 元/t,较适宜土地黄连木生物柴油生产成本为 7635.37 元/t。我国共有适宜开发黄连木土地面积为 710.32 万 hm²,较适宜种植黄连木的土地面积为 1279.44 万 hm²。则适宜土地可获得净收入最大值为 9.55×10^6 万元,较适宜土地净收入为 -1.28×10^6 万元,则我国黄连木生物柴油可获得的净收入最大为 8.27×10^6 万元。由此可看来,适宜土地黄连木生物柴油具有较大的市场潜力,而较适宜土地由于产量较低成本较高,尚且没有市场潜力。需提高产量,减少种植投入,而且政府也需加大补贴,改进生产技术,降低成本,才能获得市场收益。

5.3.2　传统化石能源价格分析

我国是石油资源短缺的国家,随着我国汽车车型柴油化和农用柴油车的发展,柴油消费量迅速增加,2012 年我国柴油消耗为 17719 万 t。2011 年,我国成品油表观消费量为 2.42 亿 t,其中汽油消费量为 7200 万 t,同比增长 7.4%;煤油消费量为 1800 万 t,柴油消费量为 1.5 亿 t。

但是生产和供应却一直处于紧平衡状态,成为我国未来较长时间内石油市场的焦点问题之一。同时,在国际油价、石油供给和经济发展等多方面因素的影响下,我国柴油价格呈长期稳步上涨的趋势,从 2008 年的 5 540 元/t 涨至 2013 年的 9 230 元/t,调价次数为 17 次,其中上调 11 次,占调价总次数的 64.7%,下调 6 次。调价幅度最高为上调 600 元/t,最低幅度为上调 220 元/t,这种结果必然促使柴油供应形势紧张,市场需求旺盛,价格持续上升。适宜土地开发的黄连木生物柴油生产成本为 3 838.14 元/t,在成品油价不断上涨之时,生物柴油便显示出巨大的市场潜力。环境污染、过快增长的经济及国内碳氢化合物储量的匮乏等因素一直在促使中国努力发展石油及煤炭的替代能源,其中就包括生物质能和生物柴油。生物柴油既可以用来替代柴油,也可以与其直接混合使用,含硫量低,而且生物柴油可降低尾气中二氧化碳排放量,并且在生产生物柴油过程中还可产生副产品如甘油,降低了成本,增加了生物柴油的吸引力。

5.3.3 生物液体燃料经济潜力分析

根据上章节,我国黄连木生物柴油减排潜力,可进一步计算出单位生物柴油 CO_2 减排量的外部经济性。对于传统石化柴油也进行同样的排放分析,将其温室气体排放量与黄连木生物柴油温室气体排放量进行比较,通过国际碳汇市场所规定的碳价计算,最终实现生物柴油外部经济货币化[8,226,227]。

$$M = \Delta \times Pc \tag{5-3}$$

式中:

  M——生产单位生物柴油所产生外部经济性货币化价值;

  Δ——生产单位生物柴油所产生外部经济性;

  Pc——国际单位碳价。

目前国际上碳汇价格为 0.8 欧元/t,根据上章算出的我国黄连木生物柴油可减排 CO_2 2 544.45万 t,可获得外部经济性货币化价值为 2 035.56 万欧元,黄连木能源产业对于应对全球气候变暖、改善生态环境以及发展低碳经济所作出的巨大贡献,从而获得国家政策的更大支持及民众的更多的认可。

第 6 章　结论与展望

能源是世界经济的命脉和社会发展的动力,也是现代社会赖以生存和发展的基础,全球不断增加的能源需求已成为 21 世纪人类社会发展所面临的重大挑战。自 19 世纪以来,以石油、煤和天然气为主体的化石燃料为世界提供了约 90% 的能源,随着世界经济和人类文明不断发展,对能源的需求日益增加,传统的化石能源的储量渐近枯竭。随着社会经济的快速发展。目前,生物能源是仅次于煤炭、石油和天然气而居于世界能源消费总量第四位的能源,在整个能源系统中占有重要地位,在煤炭、石油和天然气等不可再生能源日益枯竭的当今,作为可再生能源的生物能源在全球经济社会发展中起着越来越重要的作用。

目前,世界上用玉米、甘蔗等生产生物液体燃料的做法比较普遍,能源作物的种植主要以耕地为主。然而,由于我国人多地少,耕地面积有限,发展能源作物必须遵循"不与人争粮,不与粮争地"的原则。我国土地利用类型较多,其中有大量不适于生产粮食的灌丛、草地和盐碱地等边际土地,充分利用这些土地资源发展能源作物对于生物液体燃料的开发具有重要意义。能源植物资源利用的遥感监测与时空模拟包含三大部分的内容:适宜种植能源植物的边际土地资源识别、能源植物种植的限制因子数据获取与分析、能源植物规模化种植的能量与环境效益评价。

本书围绕空间信息技术支持下的能源植物净能量/环境效益时空分析与模拟的应用基础研究,重点介绍了以下主要成果:①我国宜能边际土地的界定标准和遥感识别方法,为我国生物质能源发展潜力分析提供了基础支撑;②通过建立 GIS 多要素综合评价模型,确定了我国适用于规模化发展能源植物的边际土地资源质量和时空分布;③通过耦合生态过程模型(EPIC)与生命周期模型(LCA),结合试验区的测试试验,首次在 1 km 地理栅格上,对中国宜能边际土地上能源植物的净能量潜力及温室气体减排情况进行了系统估算。这些成果为解决最复杂、目前争议最大的能源植物净能量、净环境效益评估问题提供了解决思路和典型案例,对于能源植物是否值得规模化发展、在哪里发展、不同情境下的减排效益如何等问题的回答提供科学依据。

(1)建立我国宜能边际土地的界定标准,利用遥感和多源信息融合技术,获得了我国 1990年以来宜能边际土地的数量、空间分布和动态变化。

由于我国人均耕地资源极其有限,因此为了保障粮食和生态安全,必须在边际土地上发展基于非粮食作物的生物能源。我国究竟有多少边际土地可供规模化种植能源植物、发展生物能源?已有的研究得出的我国宜能边际土地总量差别很大,主要因为对"宜能边际土地"缺乏科学的界定,所用的基础数据来源参差不齐,同时没有充分考虑不同能源植物本身对水热等条件的要求。本书根据我国土地利用现状及我国的自然条件,结合生物质能源植物的生态习性特点,提出了我国宜能边际土地资源界定标准;研发了基于知识发现的多源数据融合与变化检测技术,实现了宜能边际土地类型遥感自动识别和主要水热要素信息的遥感获取;结合坡度坡向、土壤质地、有效土壤厚度、土壤盐碱化、降水、温度等数据,推算了 1990—2010 年全国宜能边际土地的数量、空间分布(1 km×1 km 栅格)和动态变化。结果表明:我国宜能边际土地主要包括林地(灌丛和疏林地)、草地,分别占宜能边际土地总量的 50% 和 46%;此外为盐碱地和滩涂滩地;从时序变化来看,1990—2010 年我国宜能边际土地面积减少了 16%,且减少幅度有加剧趋势。

(2)通过建立 GIS 多要素综合评价模型,确定了我国适用于规模化发展能源植物的边际土地资源适宜性和空间分布。

建立多因子综合评价模型,结合温度、水分、土壤、坡度等因子进行边际土地适宜性分级,准确评估了我国适用于规模化发展能源植物的边际土地资源潜力(质量)及空间分布。充分考虑规模化种植的生态效应,以及我国"十二五"能源规划中重点关注的 5 种主要能源植物的自然习性,近期可进行规模化开发的宜能边际土地为 6.56 亿亩,其中适宜于菊芋、木薯、黄连木、麻风树的种植区域分别为 2.64 亿亩、3.44 亿亩、0.45 亿亩和 0.03 亿亩。

上述结论建立在长时间序列、扎实可靠的基础数据上,综合考虑了自然环境要素、能源植物生态习性及国家相关政策要求;宜能边际土地适宜性评价不仅在总量上相对可信,同时提供了空间分布信息(1 km 栅格),为我国生物质能源发展的科学研究和决策提供了直接的数据支持,已成为在国内外相关领域的权威数据集,为众多研究所采用。

(3)在高精度的边际土地数量/质量数据基础上,通过 GIS 技术与生命周期模型的结合,估算了我国规模化发展能源植物的净能量与净环境效益。

净能量效益和环境效益(主要是温室气体减排潜力)是评价能源植物开发利用前景的两大标尺。国内外现有评价方法大多是在实验室数据基础上,以单位体积或质量液体燃料为研究对象的"减排效率"方法,应用到较大范围时,往往采取全区平均,不能充分反映光、温、水、热等要素空间异质性带来的减排潜力的空间差异。本书在前期研究中提出了将 GIS 与 LCA 结合进行净能量效益评估的研究思路:首先在 GIS 支持下采用多要素综合分析方法,获取区域适宜种植能源植物的边际土地资源、等级及其空间分布;然后在每个 1 km×1 km 地理单元上,确定能源植物生物液体燃料的净能量效率,然后将全区的结果累计,即得到全区的净能量产出。研究结果表明:引入空间数据和空间分析模型,可以充分利用光、温、水、土等自然要素数据,在相对精细的地理单元上估算能源植物净能量产出,其结果远远优于先前基于土地总面积和已有平均单产的简单估算。

参考文献

[1] Farrell A E, Plevin R J, Turner B T, *et al.* Ethanol can contribute to energy and environmental goals. *Science*, 2006, **311**(5760):506-508.

[2] Gmünder S, Singh R, Pfister S, *et al.* Environmental impacts of *Jatropha curcas* biodiesel in India. *Journal of Biomedicine and Biotechnology*, 2012, **5**:1-10.

[3] Tang Y, Xie J S, Geng S. Marginal Land-based biomass energy production in China. *Journal of Integrative Plant Biology*, 2010, **52**(1):112-121.

[4] Sasaki N, *et al.* Woody biomass and bioenergy potentials in Southeast Asia between 1990 and 2020. *Applied Energy*, 2009, **86**:140-150.

[5] Dudley B. BP statistical review of world energy. www. bp. com/statisticalreview. 2012.

[6] Hill J, Nelson E, Tilman D, *et al.* Environmental, economic, and energetic costs and benefits of biodiesel and ethanol biofuels. *Proceedings of the National Academy of Sciences*, 2006, **103**(30):11206-11210.

[7] Schmer M R, Vogel K P, Mitchell R B, *et al.* Net energy of cellulosic ethanol from switchgrass. *Proceedings of the National Academy of Sciences*, 2008, **105**(2):464-469.

[8] 路璐. 中国宜能边际土地黄连木生物柴油开发潜力分析. 南京农业大学学位论文, 2012.

[9] Ren21. Renewables 2013 Global Status Report. REN21 secretariat, Paris. 2013.

[10] 钱能志. 我国林业生物质能源资源现状与潜力. 化学工业, 2007, **7**(1):5.

[11] Antizar Ladislao B, Turrion Gomez J L. Second-generation biofuels and local bioenergy systems. *Biofuels, Bioproducts and Biorefining*, 2008, **2**(5):455-469.

[12] 吴伟光, 黄季焜. 林业生物柴油原料麻风树种植的经济可行性分析. 中国农村经济, 2010, **7**:10.

[13] Schroder P, Herzig R, Bojinov B, *et al.* Bioenergy to save the world-Producing novel energy plants for growth on abandoned land. *Environmental Science and Pollution Research*, 2008, **15**(3):196-204.

[14] Batidzirai B, Smeets E M W, Faaij A P C. Harmonising bioenergy resource potentials-Methodological lessons from review of state of the art bioenergy potential assessments. *Renewable & Sustainable Energy Reviews*, 2012, **16**(9):6598-6630.

[15] Hattori T, Morita S. Energy crops for sustainable bioethanol production, which, where and how? *Plant Production Science*, 2010, **13**(3):221-234.

[16] Qiu H G, Huang J K, Keyzer M, *et al.* Biofuel development, food security and the use of marginal land in China. *Journal of Environmental Quality*, 2011, **40**(4):1058-1067.

[17] Zhuang D F, Jiang D, Liu L, *et al.* Assessment of bioenergy potential on marginal land in China. *Renewable & Sustainable Energy Reviews*, 2011, **15**(2):1050-1056.

[18] Zhang Q T, Ma J, Qiu G Y, *et al.* Potential energy production from algae on marginal land in China. *Bioresource Technology*, 2012, **109**:252-260.

[19] Tseng Y K. The economical and environmental advantages of growing *jatropha curcas* on marginal land. *Natural Resources and Sustainable Development*, 2012, 361-363:1495-1498.

[20] 马欢, 刘伟伟, 张无敌, 等. 燃料乙醇的研究进展及存在问题. 能源工程, 2006, (02):29-33.

[21] 刘敏, 邓新忠, 张宏宇. 美国及国内燃料乙醇应用现状及发展预测. 山东化工, 2001, (06):29-30.

[22] Thompson W, Meyer S, and Green T. The US biodiesel use mandate and biodiesel feedstock markets. *Biomass and Bioenergy*, 2010,**34**(6):883-889.

[23] 李海军. 中国燃料乙醇发展现状及未来发展方向. 安徽农业科学, 2013,**41**(36):13984-13985,14000.

[24] 陆强,赵雪冰,郑宗明. 液体生物燃料技术与工程. 上海:上海科学技术出版社,2013.

[25] 岳国君,武国庆,郝小明. 我国燃料乙醇生产技术的现状与展望. 化学进展, 2007,(Z2):1084-1090.

[26] 林秋平. 现代燃料乙醇生产技术研究(Ⅰ). 化学工程与装备, 2007,(01):70-72.

[27] 赵娥. 我国木本生物柴油市场潜力及优先开发区域选择研究. 北京林业大学学位论文,2011.

[28] 杨卫波,施名横,董华. 太阳能—土壤源热泵系统联合供暖运行模式的探讨. 暖通空调, 2005,**35**(8):25-31.

[29] 周良虹,黄亚晶. 国外生物柴油产业与应用状况. 可再生能源, 2005,**122**(4):63.

[30] 京涛. 欧盟发展生物燃料战略的启示. 今日视点, 2007,(5):18-19.

[31] 李娜,荆超. 生物柴油的研究概况. 广东化工, 2012,**39**(5):133-135.

[32] 牛晓娟. 国内外生物柴油的原料来源及应用现状. 油脂工程, 2011,(5):93-95.

[33] 袁振宏,罗文,吕鹏梅,等. 生物质能产业现状及发展前景. 化工进展, 2009,**28**(10):1687-1692.

[34] 闵恩泽,杜泽学. 我国生物柴油产业发展的探讨. 中国工程科学, 2010,**12**(2):11-15.

[35] 朱行. 世界主要国家和地区生物燃料发展现状和趋势展望. 粮食流通技术, 2010,(4):36-43.

[36] 张骥. 日本生物柴油的发展. 可再生能源, 2009,**27**(1):117-120.

[37] 王亚欣. 长江中下游地区冬闲田生物柴油发展潜力研究. 中国科学院地理科学与资源研究所博士后研究工作报告. 2012.

[38] Lu L, Dong J. Evaluating the marginal land resources suitable for developing *pistacia chinensis*-based biodiesel in China. *Energies*, 2012,**5**(7):2165-2177.

[39] Fargione J, *et al*. Land clearing and the biofuel carbon debt. *Science*, 2008,**319**(5867):1235-1238.

[40] Searchinger T, *et al*. Use of US croplands for biofuels increases greenhouse gases through emissions from land-use change. *Science*, 2008,**319**(5867):1238-1240.

[41] Congress U. Energy independence and security act of 2007. *Public Law*, 2007,(110-140):2.

[42] Martinot E. Renewables 2005:Global status report. Worldwatch Institute Washington, DC. 2005.

[43] Adler P R, Grosso S J D, and Parton W J. Life-cycle assessment of net greenhouse-gas flux for bioenergy cropping systems. *Ecological Applications*, 2007,**17**(3):675-691.

[44] Stephenson A, Dennis J, and Scott S. Improving the sustainability of the production of biodiesel from oilseed rape in the UK. *Process Safety and Environmental Protection*, 2008,**86**(6):427-440.

[45] Chandel A K, *et al*. Economics and environmental impact of bioethanol production technologies:An appraisal. *Biotechnology and Molecular Biology Review*, 2007,**2**(1):14-32.

[46] Nuwamanya E, *et al*. Bio-Ethanol production from non-food parts of Cassava (Manihot esculenta Crantz). *Ambio*, 2012,**41**(3):262-270.

[47] Richter F. Financial and economic assessment of timber harvesting operations in Sarawak, Malaysia. Forest Harvesting Case-Study. 2001.

[48] Administration E I. International Energy Outlook 2006. EIA, Office of Integrated Analysis and Forecasting, US Department of Energy Washington, DC. 2006.

[49] Sobrino F H, Monroy C R, and Pérez J L H. Biofuels and fossil fuels:Life Cycle Analysis (LCA) op-

timisation through productive resources maximisation. *Renewable and Sustainable Energy Reviews*, 2011,**15**(6):2621-2628.

[50] Xing A, *et al*. Life cycle assessment of resource and energy consumption for production of biodiesel. *The Chinese Journal of Process Engineering*, 2010,**10**(2):314-320.

[51] Hu Zhiyuan, *et al*. Assessment of life cycle energy consumption and emissions for several kinds of feed-stock based biodiesel. *Transactions of the Chinese Society of Agricultural Engineering*, 2006,**22**(11): 141-146.

[52] Wang Z X, and Lu Y. *Jatropha curcas* seed oil life cycle of the economy, environment and energy efficiency. *Resources and Environment in the Yangtze Basin*, 2011,**20**(001):61-67.

[53] Zhang C X. Potential and Impact Assessment of Bio-Ethanol in China. Beijing:Graduate University of Chinese Academy of Sciences, 2010.

[54] Nguyen T L T, Gheewala S H, and Garivait S. Energy balance and GHG-abatement cost of cassava utilization for fuel ethanol in Thailand. *Energy Policy*, 2007,**35**(9):4585-4596.

[55] Dai D, *et al*. Energy efficiency and potentials of cassava fuel ethanol in Guangxi region of China. *Energy Conversion and Management*, 2006,**47**(13):1686-1699.

[56] Li Y, *et al*. Study on pilot scale biodiesel production from Pistacia chinensis oil. *Renewable Energy Resources*, 2010,**28**(4):54-57.

[57] Fiorese G, and Guariso G. A GIS-based approach to evaluate biomass potential from energy crops at regional scale. *Environmental Modelling & Software*, 2010,**25**(6):702-711.

[58] Liu L, *et al*. Assessing the potential of the cultivation area and greenhouse gas (GHG) emission reduction of cassava-based fuel ethanol on marginal land in Southwest China. *African Journal of Agricultural Research*, 2012,**7**(41):5594-5603.

[59] Dresen B, and Jandewerth M. Integration of spatial analyses into LCA-calculating GHG emissions with geoinformation systems. *International Journal of Life Cycle Assessment*, 2012,**17**(9):1094-1103.

[60] Gasol C M, *et al*. Environmental assessment:(LCA) and spatial modelling (GIS) of energy crop implementation on local scale. *Biomass & Bioenergy*, 2011,**35**(7):2975-2985.

[61] De Klein C, *et al*. N_2O emissions from managed soils, and CO_2 emissions from lime and urea application. IPCC Guidelines for National Greenhouse Gas Inventories, Prepared by the National Greenhouse Gas Inventories Programme. 2006.

[62] Ruesch A, and Gibbs H K. New IPCC Tier-1 global biomass carbon map for the year 2000. http://cdiac. ornl. gov. 2008.

[63] Gibbs H K, *et al*. Monitoring and estimating tropical forest carbon stocks:Making REDD a reality. *Environmental Research Letters*, 2007,**2**(4):045023.

[64] Keith H, Mackey B G, and Lindenmayer D B. Re-evaluation of forest biomass carbon stocks and lessons from the world's most carbon-dense forests. *Proceedings of the National Academy of Sciences*, 2009, **106**(28):11635-11640.

[65] West P C, *et al*. Trading carbon for food:Global comparison of carbon stocks vs. crop yields on agricultural land. *Proceedings of the National Academy of Sciences*, 2010,**107**(46):19645-19648.

[66] Njakou Djomo S, and Ceulemans R. A comparative analysis of the carbon intensity of biofuels caused by

land use changes. *GCB Bioenergy*, 2012,**4**(4):392-407.

[67] Wu Y, Liu S, and Li Z. Identifying potential areas for biofuel production and evaluating the environmental effects: A case study of the James River Basin in the Midwestern United States. *GCB Bioenergy*, 2012,**4**(6):875-888.

[68] Aber J D, *et al*. PnET Models:Carbon, Nitrogen, Water Dynamics in Forest Ecosystems (Vers. 4 and 5). Model product. Available on-line [http://daac. ornl. gov] from Oak Ridge National Laboratory Distributed Active Archive Center, Oak Ridge, Tennessee, USA. 2005.

[69] Kiese R, *et al*. Regional application of PnET-N-DNDC for estimating the N_2O source strength of tropical rainforests in the wet tropics of Australia. *Global Change Biology*, 2005,**11**(1):128-144.

[70] Zhang Y, *et al*. An integrated model of soil, hydrology, and vegetation for carbon dynamics in wetland ecosystems. *Global Biogeochemical Cycles*, 2002,**16**(4):1061,doi:10. 1029/2001GB001838.

[71] Aber J D, and Federer C A. A generalized, lumped-parameter model of photosynthesis, evapotranspiration and net primary production in temperate and boreal forest ecosystems. *Oecologia*, 1992,**92**(4):463-474.

[72] Aber J D, Reich P B, and Goulden M L. Extrapolating leaf CO_2 exchange to the canopy:A generalized model of forest photosynthesis compared with measurements by eddy correlation. *Oecologia*, 1996,**106**(2):257-265.

[73] Vose J M, and Bolstad P V. Challenges to modelling NPP in diverse eastern deciduous forests:species-level comparisons of foliar respiration responses to temperature and nitrogen. *Ecological Modelling*, 1999,**122**(3):165-174.

[74] Parton W J, *et al*. DAYCENT and its land surface submodel:Description and testing. *Global and planetary Change*, 1998,**19**(1):35-48.

[75] Del Grosso S, *et al*. Simulated interaction of carbon dynamics and nitrogen trace gas fluxes using the DAYCENT model. *Modeling carbon and nitrogen dynamics for soil management*. CRC Press. 2001.

[76] Parton W J, *et al*. A general model for soil organic matter dynamics:Sensitivity to litter chemistry, texture and management. in Quantitative modeling of soil forming processes:proceedings of a symposium sponsored by Divisions S-5 and S-9 of the Soil Science Society of America in Minneapolis, Minnesota, USA, 2 Nov. 1992. Soil Science Society of America Inc. 1994.

[77] Del Grosso S, *et al*. Simulated effects of land use, soil texture, and precipitation on N gas emissions using DAYCENT. *Nitrogen in the Environment*: *Sources*, *Problems and Management*. Amsterdam (Netherlands):Elsevier Science. 2001.

[78] Del Grosso S, *et al*. DAYCENT model analysis of past and contemporary soil N_2O and net greenhouse gas flux for major crops in the USA. *Soil and Tillage Research*, 2005,**83**(1):9-24.

[79] Del Grosso S, *et al*. Simulated effects of dryland cropping intensification on soil organic matter and greenhouse gas exchanges using the DAYCENT ecosystem model. *Environmental Pollution*, 2002,**116**: S75-S83.

[80] Del Grosso S J, *et al*. Global scale DAYCENT model analysis of greenhouse gas emissions and mitigation strategies for cropped soils. *Global and Planetary Change*, 2009,**67**(1-2):44-50.

[81] Lee J, *et al*. Simulating switchgrass biomass production across ecoregions using the DAYCENT model.

Global Change Biology Bioenergy, 2012,**4**(5):521-533.

[82] Jenkinson D, *et al*. Modelling the turnover of organic matter in long-term experiments at Rothamsted. In: Colley, J. H. (ed.) Soil organic matter dynamics and soil productivity. INTECOL Bulletin, 1987, P. 15.

[83] Jenkinson D, and Coleman K. Calculating the annual input of organic matter to soil from measurements of total organic carbon and radiocarbon. *European Journal of Soil Science*, 1994,**45**(2):167-174.

[84] Jenkinson D, Adams D, and Wild A. Model estimates of CO_2 emissions from soil in response to global warming. *Nature*, 1991,**351**(6324):304-306.

[85] Jenkinson D, *et al*. The turnover of organic carbon and nitrogen in soil [and discussion] . *Philosophical Transactions of the Royal Society of London. Series B:Biological Sciences*, 1990,**329**(1255):361-368.

[86] Falloon P, *et al*. RothCUK-a dynamic modelling system for estimating changes in soil C from mineral soils at 1 km resolution in the UK. *Soil Use and Management*, 2006,**22**(3):274-288.

[87] Smith J, *et al*. Projected changes in the organic carbon stocks of cropland mineral soils of European Russia and the Ukraine, 1990—2070. *Global Change Biology*, 2007,**13**(2):342-356.

[88] Wang Y, and Polglase P. Carbon balance in the tundra, boreal forest and humid tropical forest during climate change:Scaling up from leaf physiology and soil carbon dynamics. *Plant, Cell & Environment*, 1995,**18**(10):1226-1244.

[89] Skjemstad J, *et al*. Calibration of the Rothamsted organic carbon turnover model (RothC ver. 26. 3), using measurable soil organic carbon pools. *Soil Research*, 2004,**42**(1):79-88.

[90] Smith P, *et al*. A comparison of the performance of nine soil organic matter models using datasets from seven long-term experiments. *Geoderma*, 1997,**81**(1):153-225.

[91] Coleman K, *et al*. Simulating trends in soil organic carbon in long-term experiments using RothC-26. 3. *Geoderma*, 1997,**81**(1):29-44.

[92] Hillier J, *et al*. Greenhouse gas emissions from four bioenergy crops in England and Wales:Integrating spatial estimates of yield and soil carbon balance in life cycle analyses. *GCB Bioenergy*, 2009,**1**(4):267-281.

[93] Thornton P, *et al*. Modeling and measuring the effects of disturbance history and climate on carbon and water budgets in evergreen needleleaf forests. *Agricultural and Forest Meteorology*, 2002,**113**(1):185-222.

[94] Chiesi M, *et al*. Application of BIOME-BGC to simulate Mediterranean forest processes. *Ecological Modelling*, 2007,**206**(1-2):179-190.

[95] Cienciala E, and Tatarinov F A. Application of BIOME-BGC model to managed forests 2. Comparison with long-term observations of stand production for major tree species. *Forest Ecology and Management*, 2006,**237**(1-3):252-266.

[96] Schmid S, Zierl B, and Bugmann H. Analyzing the carbon dynamics of central European forests:Comparison of Biome-BGC simulations with measurements. *Regional Environmental Change*, 2006,**6**(4):167-180.

[97] Lagergren F, *et al*. Current carbon balance of the forested area in Sweden and its sensitivity to global change as simulated by Biome-BGC. *Ecosystems*, 2006,**9**(6):894-908.

[98] Eastaugh C S, Potzelsberger E, and Hasenauer H. Assessing the impacts of climate change and nitrogen deposition on Norway spruce (Picea abies L. Karst) growth in Austria with BIOME-BGC. *Tree Physiology*, 2011,**31**(3):262-274.

[99] Li Z, *et al*. System approach for evaluating the potential yield and plantation of *Jatropha curcas* L. on a global scale. *Environmental Science & Technology*, 2010,**44**(6):2204-2209.

[100] 余福水. EPIC 模型应用于黄淮海平原冬小麦估产的研究. 中国农业科学院学位论文,2007.

[101] 范兰,吕昌河,陈朝. EPIC 模型及其应用. 地理科学进展, 2012,**31**(5):584-592.

[102] Williams J. The erosion-productivity impact calculator (EPIC) model: A case history. *Philosophical Transactions of the Royal Society of London. Series B: Biological Sciences*, 1990,**329**(1255): 421-428.

[103] Williams J, *et al*. History of model development at Temple, Texas. *Hydrological Sciences Journal*, 2008,**53**(5):948-960.

[104] 李军,邵明安,张兴昌. 黄土高原地区 EPIC 模型数据库组建. 西北农林科技大学学报（自然科学版）, 2004,**32**(8):21-26.

[105] 臧传富. 黑河流域蓝绿水时空变化研究. 北京林业大学学位论文,2013.

[106] Liu J G, *et al*. GEPIC-modelling wheat yield and crop water productivity with high resolution on a global scale. *Agricultural Systems*, 2007,**94**(2):478-493.

[107] Liu J. A GIS-based tool for modelling large-scale crop-water relations. *Environmental Modelling & Software*, 2009,**24**(3):411-422.

[108] Qin Z, *et al*. Carbon consequences and agricultural implications of growing biofuel crops on marginal agricultural lands in China. *Environmental science & technology*, 2011,**45**(24):10765-10772.

[109] Gelfand I, *et al*. Sustainable bioenergy production from marginal lands in the US Midwest. *Nature*, 2013,**493**(7433):514-517.

[110] Steve Running, Jordan Golinkoff, and Anderson R. Ecosystem Modeling. [cited 2013 16 July]; Available from: http://www.ntsg.umt.edu/taxonomy/term/59.

[111] Xu Ming, *et al*. Developing a Spatially-Explicit Agent-Based Life Cycle Analysis Framework for Improving the Environmental Sustainability of Bioenergy Systems. Available from: http://css.snre.umich. edu/project/developing-spatially-explicit-agent-based-life-cycle-analysis-framework-improving-environment. 2011.

[112] Research T A M A. EPIC & APEX Models. Available from: http://epicapex.tamu.edu/epic/.

[113] (IIASA) I I f A S A. The Environmental Policy Integrated Model (EPIC)-A model assessing how land management affects the environment. Available from: http://www.iiasa.ac.at/web/home/research/ modelsData/EPIC.en.html. 2012.

[114] 刘磊. 中国西南五省区生物液体燃料开发潜力及影响研究. 中国科学院地理科学与资源研究所学位论文,2011.

[115] Baatz M, Schäpe A. Object-oriented and multi-scale image analysis in semantic networks. In 2nd international symposium:operationlization of remote sensing. 1999.

[116] Kim J B, Kim H J. Multiresolution-based watersheds for efficient image segmentation. *Pattern Recognition Letters*, 2003,**24**(1):473-488.

[117] Trias-Sanz R, Stamon G, Louchet J. Using colour, texture, and hierachial segmentation for high-resolution remote sensing. *ISPRS Journal of Photogrammetry and Remote Sensing*, 2008, **63**(2): 156-168.

[118] Hofmann P. Detecting informal settlements from IKONOS image data using methods of object oriented image analysis-an example from Cape Town (South Africa). Jürgens, C. (Ed.): Remote Sensing of Urban Areas/Fernerkundung in urbanen Räumen, 2001:41-42.

[119] Whiteside T G, Boggs G S, Maier S W. Comparing object-based and pixel-based classifications for mapping savannas. *International Journal of Applied Earth Observation and Geoinformation*, 2011, **13**(6):884-893.

[120] 曹凯,江南,吕恒,等. 面向对象的 SPOT5 影像城区水体信息提取研究. 国土资源遥感,2007,(2): 27-30.

[121] 李成范,尹京苑,赵俊娟. 一种面向对象的遥感影像城市绿地提取方法. 测绘科学,2011,**36**(5): 112-114.

[122] 葛春青,张凌寒,杨杰. 基于决策树规则的面向对象遥感影像分类. 遥感信息,2009,(2):86-90.

[123] 郭建聪,李培军,肖晓柏. 一种高分辨率多光谱图像的多尺度分割方法. 北京大学学报:自然科学版, 2009,(2):306-310.

[124] 蔡华杰,田金文. 一种高分辨遥感影像多尺度分割新算法. 武汉理工大学学报,2009,**31**(11):97-100.

[125] Laliberte A S, Rango A, Havstad K M, *et al*. Object-oriented image analysis for mapping shrub encroachment from 1937 to 2003 in southern New Mexico. *Remote Sensing of Environment*, 2004, **93**(1): 198-210.

[126] Baatz M, Shäpe A. Multiresolution segmentation:an optimization for high quality multi-scale image segmentation. In:Strobl, J., Blaschke,T., Griesebner,G. (Eds.), Angewandte Geograsphische Information-Verarbeitung XII. WichmannVerlag, Karlsruhe, 2000:12-23.

[127] 黄慧萍. 面向对象影像分析中的尺度问题研究. 中国科学院研究生院学位论文,2003.

[128] 田新光,张继贤,张永红. 面向对象的红树林信息提取. 海洋测绘,2007,**27**(2):41-44.

[129] Mathieu R, Aryal J. Object-oriented classification and Ikonos multispectral imagery for mapping vegetation communities in urban areas. The 17th Annual Colloquium of the Spatial Information Research Center. 2005.

[130] 黄瑾. 面向对象遥感影像分类方法在土地利用信息提取中的应用研究. 成都理工大学学位论文,2010.

[131] 孙晓霞,张继贤,刘正军. 利用面向对象的分类方法从 IKONOS 全色影像中提取河流和道路. 测绘科学,2006,**31**(1):62-63.

[132] 李敏,崔世勇,李成名,等. 面向对象的高分辨率遥感影像信息提取——以耕地提取为例. 遥感信息, 2009,(6):63-66.

[133] 侯伟,鲁学军,张春晓,等. 面向对象的高分辨率影像信息提取方法研究. 地球信息科学,2010,**12**(1): 119-125.

[134] 聂倩,闫利,蔡元波. 一种 Brovey 变换图像融合法的改进算法. 测绘信息与工程,2008,**33**(3):38-39.

[135] 胡钢,刘哲,徐小平,等. 像素级图像融合技术的研究与进展. 计算机应用研究,2008,**25**(3):650-655.

[136] 李慧娜. 遥感图像融合算法的研究及融合效果评价. 河南理工大学学位论文,2012.

[137] 姜红艳,邢立新,梁立恒,等. PanSharpening 自动融合算法及应用研究. 测绘与空间地理信息,2008,**31**

(5):73-75.

[138] 王晓红,聂洪峰,杨清华,等. 高分辨率卫星数据在矿山开发状况及环境监测中的应用效果比较. 国土资源遥感,2004,(1):15-18.

[139] 高守传,姚领田, 等. Visual C++实践与提高——数字图像处理与工程应用篇.北京:中国铁道出版社,2006.

[140] 陈云浩,冯通,史培军,等. 基于面向对象和规则的遥感影像分类研究.武汉大学学报(信息科学版),2006,**31**(4):316-320.

[141] 阮秋琦,阮宇智,等. 冈萨雷斯数字图像处理.北京:电子工业出版社,2003.

[142] 杨家红,刘杰,钟坚成,等. 结合分水岭与自动种子区域生长的彩色图像分割算法.中国图像图形学报,2010,**15**(01):14-67.

[143] Baatz M, Benz U, Dehghani S, *et al*. eCognition Professional: User Guide 4. Definiens-Imaging, Munich. 2004.

[144] Roger Trias-Sanz, Georges Stamon, Jean Louchet. Using color, texture and hierarchical segmentation for high-resolution remote sensing. *ISPRS Journal of Photogrammetry & Remote Sensing*, 2008,**63**: 156-168.

[145] Ursula C Benz, Peter Hofmann. Multi-resolution, Object-oriented fuzzy analysis of remote sensing data for GIS-ready information. *ISPRS Journal of Photogrammetry & Remote Sensing*, 2004,**58**:239-258.

[146] Walker J, Blaschke T. Object-based land-cover classification for the Phoenix metropolitan area:optimization vs. transportability. *International Journal of Remote Sensing*, 2008,**29**(7):2021-2040.

[147] Baatz M, Benz U, Dehghani S, *et al*. eCognition user guide. Munich, Definiens. 2000.

[148] Tian J, Chen D M. Optimization in multi-scale segmentation of high-resolution satellite images for artificial feature recognition. *International Journal of Remote Sensing*, 2007,**28**(20):4625-4644.

[149] 易邦进. 面向对象技术在土地利用分类中的应用研究.云南师范大学学位论文,2009.

[150] 周春艳,王萍,张振勇,等. 基于面向对象信息提取技术的城市用地分类. 遥感技术与应用,2008,**23**(1):31-35.

[151] Robert M Haralick, Shanmugam K. Its'hak Dinstein "Textural Features for Image Classification". IEEE Transactions on Systems, Man, and Cybernetics. 1973,**3**(6):610-621.

[152] 桑庆兵,李朝锋,吴小俊. 基于灰度共生矩阵的无参考模糊图像质量评价方法. 模式识别与人工智能,2013,**26**(5):492-497.

[153] 王志坚,宁新宝,杨小冬. 基于类拐点特征向量的多层次指纹分类新方法.南京大学学报—自然科学版,2007,**43**(1):47-55.

[154] 王蕾. 多层次结构的无标度 TN 和 HST 网络及基于网络的疾病传播模型研究. 南京航空航天大学学位论文,2007.

[155] Allouche O, Tsoar A, Kadmon R. Assessing the accuracy of species distribution models:Prevalence, kappa and the true skill statistic (TSS). *Journal of applied ecology*, 2006,**43**(6):1223-1232.

[156] Foody G M. Map comparison in GIS. *Progress in Physical Geography*, 2007,**31**(4):439-445.

[157] Blackman N J M, Koval J J. Interval estimation for Cohen's kappa as a measure of agreement. *Statistics in medicine*, 2000,**19**(5):723-741.

[158] 石建业,任生兰. 菊芋的生态适应性及栽培技术. 现代农业科技,2008,(8):33.

[159] 刘纪远，张增祥，庄大方，等. 20 世纪 90 年代中国土地利用变化时空特征及其成因分析. 地理研究，2003，**22**(1)：1-12.

[160] 李彬，王志春，孙志高，等. 中国盐碱地资源与可持续利用研究. 干旱地区农业研究，2005，**23**(2)：154-158.

[161] Karp A，Shield I. Bioenergy from plants and the sustainable yield challenge. *New Phytologist*，2008，**179**(1)：15-32.

[162] Mochizuki M M，Tellis A，Wills M. Confronting Terrorism in the Pursuit of Power：Strategic Asia，The fourth volume in the Strategic Asia series 2004-2005. 2004.

[163] Kumar S，Salam P A，Shrestha P，*et al*. An assessment of Thailand's biofuel development. *Sustainability*，2013，**5**(4)：1577-1597.

[164] Openshaw K. A review of *Jatropha curcas*：An oil plant of unfulfilled promise. *Biomass & Bioenergy*，2000，**19**(1)：1-15.

[165] Jansson C，Westerbergh A，Zhang J，*et al*. Cassava，a potential biofuel crop in (the) People's Republic of China. *Applied Energy*，2009，**86**：S95-S99.

[166] Sriroth K，Piyachomkwan K，Wanlapatit S，*et al*. The promise of a technology revolution in cassava bioethanol：From Thai practice to the world practice. *Fuel*，2010，**89**(7)：1333-1338.

[167] Ong H C，Mahlia T M I，Masjuki H H，*et al*. Comparison of palm oil，*Jatropha curcas* and *Calophyllum inophyllum* for biodiesel：A review. *Renewable & Sustainable Energy Reviews*，2011，**15**(8)：3501-3515.

[168] Sorapipatana C，Yoosin S. Life cycle cost of ethanol production from cassava in Thailand. *Renewable & Sustainable Energy Reviews*，2011，**15**(2)：1343-1349.

[169] Axelsson L，Franzen M，Ostwald M，*et al*. Jatropha cultivation in southern India：Assessing farmers' experiences. *Biofuels Bioproducts & Biorefining-Biofpr*，2012，**6**(3)：246-256.

[170] Tang M，Zhang P，Zhang L，*et al*. A potential bioenergy tree：Pistacia chinensis Bunge. 2012 International Conference on Future Energy，Environment，and Materials，Pt B. G. Yang. 2012，**16**：737-746.

[171] Liang S，Xu M，Zhang T Z. Life cycle assessment of biodiesel production in China. *Bioresource Technology*，2013，**129**：72-77.

[172] Jarvis A，Reuter H，Nelson A，*et al*. Hole-filled SRTM for the globe Version 4. available from the CGIAR-CSI SRTM 90m Database (http://www. cgiar-csi. org/). 2008.

[173] Hijmans R J，Cameron S E，Parra J L，*et al*. Very high resolution interpolated climate surfaces for global land areas. *International Journal of Climatology*，2005，**25**(15)：1965-1978.

[174] FAO/IIASA/ISRIC/ISS-CAS/JRC. Harmonized World Soil Database (version 1. 1). 2009.

[175] Yang H，Chen L，Yan Z，*et al*. Energy analysis of cassava-based fuel ethanol in China. *Biomass & Bioenergy*，2011，**35**(1)：581-589.

[176] Hou X，Zuo H，Mou H. Geographical distribution of energy plant Pistacia chinensis Bunge in China. *Ecol. Environ. Sci*，2010，**19**：1160-1164.

[177] Foidl N，Foidl G，Sanchez M，*et al*. *Jatropha curcas* L. as a source for the production of biofuel in Nicaragua. *Bioresource Technology*，1996，**58**(1)：77-82.

[178] Pandey V C，Singh K，Singh J S，*et al*. *Jatropha curcas*：A potential biofuel plant for sustainable envi-

ronmental development. *Renewable & Sustainable Energy Reviews*，2012，**16**(5)：2870-2883.

[179] Kumar Biswas P，Pohit S，Kumar R. Biodiesel from jatropha：Can India meet the 20% blending target? *Energy Policy*，2010，**38**(3)：1477-1484.

[180] Kumar S，Chaube A，Jain S K. Sustainability issues for promotion of Jatropha biodiesel in Indian scenario：A review. *Renewable & Sustainable Energy Reviews*，2012，**16**(2)：1089-1098.

[181] 仝兆远，张万昌. 土壤水分遥感监测的研究进展. 水土保持通报，2007，**27**(4)：107-113.

[182] 杨涛，宫辉力，李小娟，等. 土壤水分遥感监测研究进展. 生态学报，2010，(22)：6264-6277.

[183] Jackson R，Slater P，Pinter P Jr. Discrimination of growth and water stress in wheat by various vegetation indices through clear and turbid atmospheres. *Remote Sensing of Environment*，1983，**13**(3)：187-208.

[184] Kogan F. Remote sensing of weather impacts on vegetation in non-homogeneous areas. *International Journal of Remote Sensing*，1990，**11**(8)：1405-1419.

[185] Price J C. Using spatial context in satellite data to infer regional scale evapotranspiration. *Geoscience and Remote Sensing*，*IEEE Transactions*，1990，**28**(5)：940-948.

[186] Nemani R R，Running S W. Estimation of regional surface resistance to evapotranspiration from NDVI and thermal-IR AVHRR data. *Journal of Applied meteorology*，1989，**28**(4)：276-284.

[187] Moran M，Clarke T，Inoue Y，*et al.* Estimating crop water deficit using the relation between surface-air temperature and spectral vegetation index. *Remote Sensing of Environment*，1994，**49**(3)：246-263.

[188] Shu-Cong Y，Yan-Jun S，Ying G，*et al.* 基于表观热惯量的土壤水分监测. 中国生态农业学报，2011，**19**(5)：1157-1161.

[189] 宋荣杰，李书琴. 基于 MODIS 数据的土壤水分预测方法研究. 农机化研究，2014，**36**(003)：199-205.

[190] 江东，王乃斌，杨小唤，刘红辉. 植被指数—地面温度特征空间的生态学内涵及其应用. 地理科学进展，2001，**20**(2)：146-152.

[191] Tucker C J，and Sellers P J. Satellite remote sensing of primary production. *International Journal of Remote Sensing*，1986，**7**：1395-1416.

[192] Huete A R，Jackson R D，and Post D F. Spectral response of a plant canopy with different soil back grounds. *Remote Sensing of Environment*，1985，**17**：37-53.

[193] Ormsby J P，Choudary B J，and Owe M. Vegetation spatial variability and its effect on vegetation indices. *International Journal of Remote Sensing*，1987，**8**：1301-1306.

[194] Price J C. Using spatial context in satellite data to infer regional scale evapotranspiration. I. E. E. E. *Transaction in Geoscience & Remote Sensing*，1990，**28**：940-948.

[195] Monteith J L. Principles of environment physics. London：Edward Arnold press. 1973.

[196] Brutsaert W. Evaporation into the atmosphere. Dordrecht：Kluwer Academic Publishers. 1982.

[197] Hope and McDowell. The relationship between surface temperature and a spectral vegetation index of a tall grass prairie：Effect of burning and other landscape controls. *International Journal of Remote Sensing*，1992，**13**：2849-2863.

[198] Friedl and Davis. Sources of variation in radiometric surface temperature over a tall grass prairie. *Remote Sensing of Environment*，1994，**48**：1-7.

[199] Goward and Hope. Observed relation between thermal emission and reflected spectral radiance of a com-

plex vegetated landscape. *Remote Sensing of Environment*，1985，**18**：137-146.

[200] Nemani，Pierce，Running，and Goward. Developing satellite derived estimates of surface moisture status. *Journal of Applied Meteorology*，1993，**32**：548-557.

[201] Jackson，Reginato，and Idso. Wheat canopy temperature：A practical tool for evaluating water requirements. *Water Resources Management*，1977，**13**：651-656.

[202] Schmugge. Remote sensing of surface soil moisture. *Journal of Applied Meteorology*，1978，**17**：1549-1557.

[203] Goward and Hope. Evaporation from combined reflected solar and emitted terrestrial radiation：Preliminary FIFE results from AVHRR data. *Advances in Space Research*，1989，**9**：239-249.

[204] Lambin，Ehrlich D. The surface temperature-vegetation index space for land cover and land-cover change analysis. *International Journal of Remote Sensing*，1996，**17**：463-487.

[205] Attema，Ulaby F T. Vegetation model as a water cloud. *Radio Science*，1978，**13**(2)：357-364.

[206] 张友静，王军战，鲍艳松. 多源遥感数据反演土壤水分方法. 水科学进展，2010，**21**(2)：222-227.

[207] 吕宁，刘荣高，等. 1998-2002 年中国地表太阳辐射的时空变化分析. 地球信息科学，2009，**11**(5)：623-630.

[208] 陈渭民，缪英好，等. 由 GMS 资料估算夏季青藏高原地区地面总辐射. 南京气象学院学报，1997，(03)：59-66.

[209] 郑景云，尹云鹤，等. 中国气候区划新方案. 地理学报，2010，**65**(1)：3-12.

[210] 张洪才，张友民. 一种鲁棒自适应推广 Kalman 滤波及其在飞行状态估计中的应用. 信息与控制，1992，**21**(006)：343-348.

[211] Kalman R E. A new approach to linear filtering and prediction problems. *Journal of Basic Engineering*，1960，**82**(1)：35-45.

[212] Kalman R E. A New Approach to Linear Filtering and Prediction Theory. *Transaction of the ASME-Journal of Basic Engineering*，1960：34-45.

[213] 马蔼乃. 遥感概论. 北京：科学出版社，1984.

[214] Rees M C，Crawley R M，*et al*. Long-term studies of vegetation dynamics. *Science*，2001，**293**(5530)：650-655.

[215] Defries R S，T J R G. NDVI-derived land-cover classification at a global-scale. *International Journal of Remote Sensing*，1994，**15**(17)：3567-3586.

[216] Zhou L M，Tucker，*et al*. Variations in northern vegetation activity inferred from satellite data of vegetation index during 1981 to 1999. *Journal of Geophysical Research-Atmospheres*，2001，**106**(D17)：20069-20083.

[217] 江东，付晶莹，黄耀欢，等. 地表环境参数时间序列重构的方法与应用分析. 地球信息科学学报，2011，**13**(4)：339-446.

[218] 柳钦火，符艳华，高晴，等. 基于时间序列分析的地表温度变化过程探讨. 科学技术与工程，2005，**5**(191)：1303-1306.

[219] Gu Juan，Huang Chunlin，*et al*. A simplified data assimilation method for reconstructing time-series MODIS NDVI data. *Advances in Space Research*，2009，**44**：501-509.

[220] Gutman P O，Velger M. Tracking targets using adaptive Kalman filtering. *Aerospace and Electronic*

Systems，*IEEE Transactions*，1990，**26**(5)：691-699.

[221] Kawai Y，Kawamura H. Validation and improvement of satellite-derived surface solar radiation over the northwestern Pacific ocean. *Journal of Oceanography*，2005，**61**(1)：79-89.

[222] 刘静，姜恒，石晓原. 卡尔曼滤波在目标跟踪中的研究与应用. 信息技术，2011，(10)：174-177.

[223] 陆如华，何于班. 卡尔曼滤波方法在天气预报中的应用. 气象，1994，(9)：41-43.

[224] 方建刚，王玉玺，秦惠丽，等. 卡尔曼滤波方法在温度预报中的应用. 陕西气象，1999，(1)：18-19.

[225] 陈新. 黄连木生物质能源林的培育. 现代农业科技，2007，**24**：19-20.

[226] Ou Xunmin，Zhang Xiliang，Chang Shiyan，*et al*. Energy consumption and GHG emissions of six biofuel pathways by LCA in (the) People's Republic of China. *Applied Energy*，2009，**86**：S197-S208.

[227] Kim S，Dale B E. Allocation procedure in ethanol production system from corn grain. *International Journal of Life Cycle Assessment*，2002，**7**(4)：237-243.

致　谢

本研究得到中国科学院重点部署项目"全球及周边资源环境科学数据库建设与决策支持研究"(项目编号 KZZD-EW-08-03)支持。

本研究团队及相关学者参与、支持了本书的完成:王亚欣参与了第 1 章——能源植物及资源利用概述的撰写;付晶莹参与了第 2 章——能源植物资源利用潜力分析的理论与方法的撰写;万华伟、宋晓阳参与了第 3 章——水土资源要素遥感高精度识别与分析的撰写;黄耀欢、秦瑞、卓君等参与了第 4 章——光温资源数据处理与分析的撰写;郝蒙蒙、路璐等参与了第 5 章——能源植物资源利用潜力时空模拟的撰写。参加本书部分内容数据准备、处理分析和编写的人员还有本研究团队的黄赛、靳柳倩、郭丹枫、林刚、赵明东、丁方宇、戴守正、魏志红、吴东辉、杨德彬、李增、张珣、程鹏等同事和同学;在模型应用过程中,得到北京林业大学刘俊国教授团队的指导和帮助,在此一并表示衷心的感谢!